丽水

"粮食+增收" 最佳实践模式

丽水市农业农村局
丽水市乡村振兴局　编

中国农业科学技术出版社

图书在版编目（CIP）数据

丽水"粮食＋增收"最佳实践模式／丽水市农业农村局，丽水市乡村振兴局编. --北京：中国农业科学技术出版社，2023.10

ISBN 978-7-5116-5967-5

Ⅰ.①丽… Ⅱ.①丽…②丽… Ⅲ.①粮食增产—关系—农民收入—收入增长—研究—丽水 Ⅳ.① F326.11 ② F323.8

中国版本图书馆 CIP 数据核字（2022）第 189974 号

责任编辑　于建慧
责任校对　李向荣
责任印制　姜义伟　王思文

出 版 者　中国农业科学技术出版社
　　　　　北京市中关村南大街 12 号　　邮编：100081
电　　话　（010）82109708（编辑室）
　　　　　（010）82109702（发行部）
　　　　　（010）82109709（读者服务部）
网　　址　http://www.castp.cn
经 销 者　各地新华书店
印 刷 者　北京中科印刷有限公司
开　　本　250 mm×260 mm　1/12
印　　张　14.25
字　　数　280 千字
版　　次　2023 年 10 月第 1 版　　2023 年 10 月第 1 次印刷
定　　价　120.00 元

指导委员会

主　　任：黄力量

副 主 任：王永伟

委　　员：鲍　艳　徐志东　朱剑夫　范燕飞　蓝　皓　徐智浩　林坤伟

编写委员会

主　　编：刘　波　范飞军　陈军华

副 主 编：秦叶波　赵玲玲　梁丽梅　周　攀

参编人员（按拼音排序）：

卜伟绍　蔡宾琪　陈　超　陈　颖　陈和义　陈利芬　冯元新

郭奕异　黄富友　黄祖祥　雷锦超　雷少伟　李汉美　厉定伟

连晓梅　练健俊　练泽华　刘伟平　毛金华　毛美珍　盛立柱

陶沪秋　王　杰　王银燕　吴燕琴　夏建平　徐　波　徐冠洪

徐永健　姚　建　曾勤文　曾胜威　张　靓　张君媚　章道周

赵承森　赵小霞　周子奎　朱炳杰

前 言

粮食安全是"国之大者"。党的十八大以来，以习近平同志为核心的党中央把粮食安全作为治国理政的头等大事，提出了"确保谷物基本自给、口粮绝对安全"的新粮食安全观，确立了"以我为主、立足国内、确保产能、适度进口、科技支撑"的国家粮食安全战略，走出了一条中国特色粮食安全之路。中国坚持立足国内保障粮食基本自给的方针，实行最严格的耕地保护制度，实施"藏粮于地、藏粮于技"战略，持续推进农业供给侧结构性改革和体制机制创新，粮食生产能力不断增强。

亿万农民是粮食生产的主体。习近平总书记 2022 年 3 月在《求是》上发表文章强调，"调动农民种粮积极性，关键是让农民种粮有钱挣"。丽水市处于浙江省西南山区，粮食生产基础条件弱。丽水市委书记胡海峰在市委农村工作领导小组第一次全体会议上强调，整治耕地"非农化""非粮化"问题，是丽水市今后一定要完成的一项重要政治任务，要协调好"粮食生产功能区种上粮"和"农民收入不下降"的关系，要把创新实践作为治本的办法，在创新农民"种粮＋增收"方式上，积极探索、主动作为、大胆实践，加强提炼总结，真正推出一批以"最佳实践"为代表的好经验好做法全面推广。

本书结合丽水粮食生产实际，总结和整理了稳粮增效的好政策、好模式、好技术，主要分为两部分，第一部分为模式做法篇，介绍"粮食＋增收"模式的工作方法、政策措施，以粮食生产技术提升、经营方式变更和产业模式创新入手，从基本情况、主要做法成效、专家点评介绍最佳实践模式 19 个；第二部分为模式技术篇，介绍技术要点、操作规程，详细阐述效益分析、茬口安排和关键技术，集成丽水"好稻米"、青田县稻鱼共生、龙泉市水稻＋黑木耳绿色高质高效轮作、龙泉市水稻再生稻生产、遂昌县杂交稻制种轮作、缙云县小麦全产业链等实践案例，为全市及浙西南地区提供可看、可学、可复制的"粮食＋增收"鲜活案例，以期成为解决"非粮化"问题、调动农民种粮积极性的实践样板，真正"实现农民种粮有钱挣"。

近年来，全市加强党建引领，以提高农民素质和就业创业技能为核心，深入实施"农三师"（农作师、农商师、农匠师）培育工程，加快打造乡土人才品牌体系，努力建设一支高觉悟、懂科技、善创业的农村实用人才队伍，使其成为"粮食＋增收"模式重要的技术创新、示范和推广主力军，进一步助推乡村振兴，助力共同富裕。

本书立足地方实际，汇总整理了丽水地区粮食生产的先进典型，希望能够给各地提供经验和样板，促进地方粮食效益提升。

编　者

目录

CONTENTS

第一部分

模式做法篇

丽水「好稻米」凸显品质农业粮食增收路径

凝结农业科技的结晶 转化绿水青山的价值

这一粒丽水"好稻米"既凝结了每一位农业科技工作者的技术结晶，也承载着千千万万种粮人的期望，更是丽水纯净山泉、清新空气的生态承载体，传递到消费者的口中。水稻是丽水市最重要的粮食作物，丽水稻米的优质化生产经营，是实现"种粮农民有钱挣"最佳实践。该途径做法有以下3点意义。

一是既符合丽水条件，也满足市场需求。丽水山高、水好，山地多、平原少，不适合粮食大规模生产，但其优越的生态环境，加上梯田、稻鱼共生等农业文化遗产，农耕文化底蕴深厚，具有优质稻米发展得天独厚的生态和文化优势；同时，产出的大米品质优、口感好、质量安全，正好满足当前人们日益增长的美好生活需要。

二是既抓住了"米袋子"，也抓住了"钱袋子"。丽水"好稻米"发展模式始终坚持围绕粮食增产、坚持以效益为目标的发展路线，保障了粮食产量，优质化生产经营也提高了种粮农民的收益。

三是既保护了绿水青山，也获得了金山银山。稻米优产运用了稻渔种养、水旱轮作、绿色防控、减氮增钾等综合技术，减少了化肥和农药的投入，大大降低了农业生产对环境的影响；产出稻米品质更优，效益更好。

◆ 一、基本情况

丽水市地处浙江省西南部，是浙江省面积最大的地级市，山清水秀，生态环境状况指数为全省最高，是国家级生态示范区。平原山区垂直落差大，山地立体气候特征明显，浓郁厚重的农耕文化提供了丰富多元的文化底蕴，具有生产优质稻米的环境优势。

近年来，丽水市立足生态环境优势，选择优质稻米品种，配套绿色高质高效生产技术，品牌高山生态米、稻鱼米、稻鸭米、香米等产品发展迅速。以稻渔共生、品种提升、控肥绿色防控等优质化发展为方向的稻田 10 万亩（1 亩 ≈ 667 平方米。全书同）左右，获得省级以上优质稻米金奖 17 个，其中，2020 年获得第三届中国·黑龙江国际稻米评比金奖 2 个。2017 年以来，丽水市在全省率先开展"好稻米"评比活动，评选全市外观品质好、口感佳的优质稻米，优质稻生产氛围浓厚。当前，丽水市优质稻米发展以自产自销、订单销售、产加销结合等多种方式共同发展，实现优质稻谷单价 3.6 ～ 4.4 元 /kg、稻米单价 6 ～ 10 元 /kg，亩产值 2 500 ～ 3 000 元，产值 3 亿余元。

◆ 二、主要做法和成效

1. 制定路线，因地制宜确定发展方向

（1）政策引路，明确发展方向　丽水市是典型的"九山半水半分田"地形特点，耕地多分布于山区梯田，坡度大、田块小，不利于机械化生产，过去一直处于单产较低、成本较高的不利局面，全市水稻面积约 52 万亩，仅占浙江省的 6.4%，单产是全省水平的 89%，靠突破产量增加效益的路子行不通。

近年来，丽水市明确走品质农业发展路线，粮食优产优销，引导适度规模经营，围绕产量不下降，坚持效益为第一目标，认真贯彻落实规模种粮补贴政策，水稻规模补贴 3 632 万元，规模种植面积增加 0.8 万亩；发布《丽水市人民政府关于推进乡村产业高质量绿色发展的实施意见》，对连片种植 400 亩以上水稻示范基地连续两年给予每亩 200 元奖补，进一步引导规模经营。

（2）立足当地，引导形成特色产区　在全市范围引导开展优质稻米生产，丽水市 9 县（市、区）地形地貌、生产特点、大户生产规模与发展各具特色。莲都区依靠碧湖平原地形条件优势重点培养机械化服务主体服务优质稻米产区；龙泉市水稻大户数量最多、规模最大，开展优质稻米品种筛选，发展优质稻品种和产加销一体化订单生产；青田县发展壮大稻鱼米，以侨乡农发有限公司为核心，形成稻鱼米品牌核心产区；云和县依靠梯田文化遗产，大力发展优质稻米农旅融合；庆元县山区小气候特色明显，形成中高海拔优质稻产区；缙云县重点培育上海返乡主体，成为重要优质稻市场运作区、好稻米产业协会核心；遂昌县是重要籼稻育种基地，精心发展浙西南优质籼稻产区，成为品种保障；松阳县依靠古法＋现代农业科技相结合，形成好稻米品质产区；景宁县稻作产区分散、规模小，发展稻鳖、稻螺、稻鱼等多种山区特色种养结合模式。

2. 打造平台，营造"好稻米"产销氛围

（1）组织开展"好稻米"评比和展销活动　连续 5 年开展丽水市"好稻米"评比活动，同时在龙泉、青田、缙云、莲都开展县级"好稻米"评比，形成全区域"好稻米"生产氛围。一年一度的"好稻米"评比活动也成为丽水水稻生产经营主体的盛会。6 年组织筛选推荐主体参加省级、国家级稻米评比，获得金奖、优质奖等荣誉 35 项，其中，2020 年获得中国·黑龙江国际稻米评比籼稻组第 1 名和第 2 名；成立了丽水稻米产业协会，2021 年，组织举办了首届"丽水'农三师'成果展暨'好稻米'品质农业助农展销会"，完成现场订购、零售和订单 15 万 kg，媒体点击破万。

（2）品牌化经营，加强主体培育　一是以"好稻米"评比、绿色高产创建为抓手，以规模种粮补贴为重要政策保障，以粮食生产功能区为重要核心建设区，鼓励发展适度规模经营，完善基础设施，提升种植条件和技术。积极培育"粮二代"新生力量，注入新血液，发挥其高素质、高接受力和高营销能力优势，目前，培育新型职业农民经营主体 38 个、品牌 33 个，其中，"泽山湾""鱼水情""余米三生""岷露""农家湘"等品牌影响力不断提升，"粮二代"朱炳杰获得"全国粮食生产先进个

人粮食生产者"荣誉称号，建立国家分子育种中心丽水示范基地 1 个，业盛家庭农场成为丽水市粮食安全教育基地。

（3）抓好源头生产，衔接认证平台　同农产品质量安全中心紧密合作，积极引导协助新型职业农民经营主体完成产地和产品认证，做好认证背书全覆盖。目前，好稻米基地无公害农产品、绿色食品和有机农产品认证率达到87%。质量监督体系保驾护航，保障优质稻米安全品质。

3. 制定标准，从产地到产品规范流程

制定地方标准《优质稻生产技术规程》（DB3311/T 227—2022），明确产地环境要求、品种选择、秧苗培育、茬口安排、病虫草害防治、水肥管理、烘干以及加工仓储流程等，从产前、产中、产后全方位指导生产。

4. 团队协作，集成绿色高效生产技术

（1）组建粮油产业技术团队，衔接科研机构和农户　成立丽水市粮油产业技术创新与服务团队，涵盖各县（市、区）粮油技术干部和重要大户，衔接中国水稻研究所、浙江省农业技术推广中心、浙江省农业科学院等院（所），开展省（市）团队项目实施模式探究技术。争取优质稻相关省重大协同项目、省（市）团队项目8个，合计项目资金136.5万元，获丽水市粮油产业专项资金600万元，围绕优质稻品种引进、筛选和示范推广，明确影响米质的因素，提炼优质稻生产技术，创新优质稻轻简化栽培技术并形成报告供推广。

（2）依托绿色高产示范方，开展培训提高技术辐射面和覆盖率　积极争取粮食绿色高产创建示范项目，重点争取水稻千亩示范方，成为优质稻重要技术、品种展示、提质增产示范区。近3年来，落实水稻绿色高效生产示范方61个，合计56 771亩，带动资金301万元；以"提质增效、扩面增产"为核心，开展各类技术培训并积极引导"粮二代"参加培训，着力提高生产技术理论基础和现代生产经营理念，使之成为有知识、懂技术、讲诚信、会经营的新型职业农民生产经营主体。

丽水稻『渔』综合种养鼓起农民『钱袋子』

一田两用　一水双收　渔粮共赢

稻渔综合种养作为一种绿色生态的农渔发展模式，发展潜力巨大。多年来，丽水市坚持"稳粮增收"的根本原则，处理好稻和渔、粮和钱、土和水、一产和三产等方面的关系，以优化种养结构、生产生态协调、三产深度融合为方向，以科技创新和融合发展为动力，引领农业高质量绿色发展，推动乡村振兴，促进共同富裕。

一是实现渔粮共赢。系列创新模式的出现使丽水的稻渔综合种养从传统稻鱼共生农耕场景迭代升级，亩产值超万元，亩利润超 5 000 元，是单一种稻利润的 10 倍以上。丰厚的效益大大激发了广大山区农民参与的热情，一些长期抛荒的农田纷纷得到复种，从业农民实现了脱贫致富，稳粮增收效果显著。

二是实现肥药双减。与水稻单作模式相比，稻渔综合种养单位面积氮肥平均投入量可减少 30% 以上、农药使用量可减少 50% 以上，有效降低了农业面源污染，促进形成生态绿色的种养环境。

三是实现提质溢价。稻渔综合种养产出了生态优质稻谷，也增加了生态优质水产品供应。一大批优质生态大米应运而生，价格高出普通大米 50% 以上，"余米三生""光泽大米""农家湘"等产品供不应求，还生产出了青田田鱼、云和鳖、合湖田螺等地方特色名优水产品，丰富了老百姓的菜篮子。

◆ 一、基本情况

丽水是稻田养鱼的传统产业区,在保护和传承"稻鱼共生"文化遗产的同时,积极探索模式创新,先后推出了具有丽水特色的"稻鳖""稻虾""稻蛙""稻螺""稻蟹"等系列共生模式。采用"稻+渔"共生模式,全年亩均产粮超 450 kg、亩产值基本达到 10 000 元以上、亩利润 5 000 余元,实现了"一水两用、一田双收、渔粮共赢"。一系列共生模式的推出,不但为农民增收开辟了新路,而且使边远山区大量抛荒农田得到了复种,稳粮增收的效果十分明显,年应用面积 6 000 余亩。

◆ 二、主要做法和成效

1. 创新引领走在前,激发活力谱新篇

稻鱼共生模式在青田历史悠久,青田稻鱼共生系统于 2005 年 6 月被联合国粮食及农业组织(FAO)列为首批"全球重要农业文化遗产"(GIAHS)。近年来,通过示范推动,以点带面,在主推稻鱼共生模式的基础上,丽水市创新了"稻鳖""稻虾""稻蛙""稻螺""稻蟹"等一批稻田生态种养新模式,"溪鱼田养""莲田养马口鱼"等模式首次突破,稻田亩综合产值均超过 1 万元,实现稳粮增收,助民致富。

稻渔综合种养与农(渔)家乐、渔文化挖掘等休闲渔业相结合,探索出了一条山区脱贫攻坚的有效路径。例如遂昌县大洞源村民宿洞源壹号推出的"秋收派对",让游客体验收割新稻、捕捉田鱼等农事活动乐趣,在旅游淡季中形成一波秋游小高潮。稻渔共生在传统产业模式的基础上转型创新,不仅实现了稻优"渔"美、优质优价,还大大提高了"渔"和稻的附加值,实现了农文旅业态深度融合。

2. 先行示范见实效，绿色发展创未来

一是力争创建省级示范。以"稳粮、增效、肥药双减"为突破口的"百斤鱼，万元钱"模式取得广泛共识。2020年以来，丽水市成功创建省级稻渔综合种养重点示范县1个、稻渔综合种养示范基地10个，争取到省级补助资金共440万元。

二是强化示范推广应用。丽水市大力开展农业农村部水产绿色健康养殖"五大行动"之一的"新型稻渔综合种养推广行动"，共推广稻渔综合种养面积16.5万亩。同时，以省级稻渔综合种养重点示范县和示范基地创建为发展契机，加大新模式推广力度，做到以点带面、精准发力、全域推进。

三是加强校（院）地合作交流。借助创建浙江（丽水）渔业绿色发展创新区平台，加强与上海海洋大学、浙江省淡水水产研究所等科研校所合作交流，研究示范稻渔共生综合种养模式。在传统稻鱼共生模式的基础上进一步丰富养殖品种，优化养殖模式，提升稻渔综合种养效益。

3. 打造品牌求特色，争先创优促发展

一是征集遴选典型案例。注重好经验、好做法的总结提炼，形成青田县稻鱼共生模式、稻鱼共生农旅融合发展模式、稻蛙"垄种沟养"模式3个省级"绿色发展好模式"，在浙江省范围内进行示范推广。

二是宣传推广稻渔文化。以新闻媒体宣传、书籍刊发、论文发表、调研文章撰写等形式加大"稻＋渔"共生模式宣传推广力度，不断丰富丽水稻渔文化的内涵和外延，提升丽水"稻＋渔"产业影响力。

三是组织参加评比推介。积极组织优秀"稻＋渔"种养企业参加竞赛、博览会、评比推介等活动，加强团结协作、凝心聚力、争先创优。第三届和第四届全国稻渔综合种养模式创新大赛暨优质渔米评比推介活动中获得模式创新大赛特等奖和一等奖各1项，获得优质籼米金奖和渔米银奖各1项；第三届中国国际现代渔业暨渔业科技博览会上，丽水市稻田养鱼获得绿色发展突出贡献奖；2020年，青田田鱼通过国家农产品地理标志评定，云和鳖通过农业农村部名特优新农产品评定，有效提升了区域特色农产品的品牌影响力；在第五届中国厦门全国休闲渔业高峰论坛上，丽水市青田县作为浙江省唯一代表，作"立足世遗，做好渔旅融合发展"的交流发言。

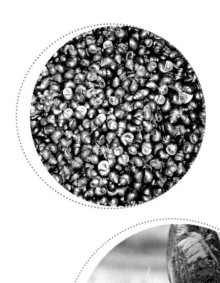

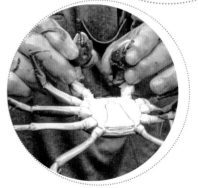

青田稻鱼共生系统赋能乡村振兴促共富

在保护中发展 在发展中保护

一是在传承中发扬。稻鱼共生模式在青田历史悠久，2005年，时任浙江省委书记的习近平作出重要批示"关注此唯一入选世界农业遗产项目，勿使其失传"。青田始终牢记习近平总书记的批示，坚持在保护中发展，在发展中保护，专门成立青田县稻鱼共生产业发展中心，制定《全球重要农业文化遗产青田稻鱼共生系统保护暂行办法》和《青田稻鱼共生系统保护与发展规划（2016—2025年）》。

二是在传承中创新。争取资金，吸引投资，与中国科学院地理科学与资源研究所等科研院校签订战略合作协议，建立全球重要农业文化遗产保护和发展青田研究中心。组建遗产保护、生态农业、稻鱼共生产业和乡村振兴技术团队，培养青田本土人才，应用全方位、可视化监测监控，推广测土配方施肥，创新"稻鱼+N"模式等绿色高效技术。

三是在弘扬中发展。建设"五统一"基地，打造品牌营销，开展种质资源和农耕文化保护。建设青田县稻鱼共生文化博物馆，举办农民丰收节、入选全球重要农业文化遗产15周年"青秧问稻·田鱼欢"等系列活动，传承和弘扬农耕文化。在保护传承农业遗产的同时，推动稻鱼主导产业发展，有效提升了产业效益和乡村品位，走出了乡村振兴"青田模式"。

◈ 一、基本情况

青田县位于浙江省中南部、瓯江中下游流域，是闻名遐迩的中国田鱼之乡。青田县稻田养鱼历史悠久，至今已有1 300多年的历史。鱼为水稻除草、除虫、耘田松土，水稻为鱼提供饲料，鱼和水稻形成和谐共生的青田稻鱼共生系统于2005年6月被联合国粮农组织（FAO）列为首批全球重要农业文化遗产（GIAHS），2013年5月被列入农业农村部的首批中国重要农业文化遗产。

青田县坚持在保护中发展，在发展中保护，探索全球重要农业文化遗产保值增值的有效路径并取得显著成效，在国内外产生了良好的示范作用，联合国粮农组织前任总干事格拉齐亚诺先生评价"在不破坏环境的前提下合理整合利用资源，协同增效，树立了全球典范"。

◈ 二、主要做法和成效

1. 健全体制机制，赋能产业振兴

一是建立机制。 成立青田县稻鱼共生产业发展中心，负责农业文化遗产保护工作；青田县农作物站、青田县水产技术推广站负责稻鱼共生产业技术；青田县侨乡农业发展有限公司统一负责稻鱼产品开发利用及品牌营销；还成立了青田县稻鱼共生产业协会（2022年3月更名为青田县农业文化遗产保护与发展联合会）和稻鱼产业农合联社会组织。

二是出台政策。 制定《全球重要农业文化遗产青田稻鱼共生系统保护暂行办法》，出台《加快高效生态农业发展的实施细则》，设立稻鱼产业发展资金和重要农业文化遗产保护资金，支持青田田鱼原种、青田传统水稻品种等种质资源保护，以及重要农业文化遗产保护区的保护和发展。

三是积极争取支持。 争取省级稻鱼共生保护项目资金2 000万元、省稻渔综合种养示范县创建300万元、省级综合扶贫试点项目资金3 000万元，打造青田县"稻鱼共生"全产业链；引资6 000万元建设"方山谷国际农遗研学营地"等。

2. 聚力提质增效，构建创新生态

一是搭建技术创新平台。与中国科学院地理科学与资源研究所、上海海洋大学、浙江大学生命科学院签订了战略合作协议，与中国科学院李文华院士及其领衔的科研团队开展合作，建立院士专家工作站（2020年底结束）。为进一步提升对青田稻鱼共生系统全球重要农业文化遗产保护和管理水平，探索乡村振兴青田模式，与中国科学院地理科学与资源研究所签订了《全球重要农业文化遗产保护和发展青田研究中心共建协议》，组建农业文化遗产保护、生态农业、稻鱼共生产业和乡村振兴技术团队，搭建技术创新平台，培养青田农业科技人才和农业文化遗产保护与发展人才。

二是推广绿色高效技术。在核心保护区龙现村建设稻鱼共生系统气象、水质和土壤墒情的全方位、可视化监测监控系统，积极谋划稻鱼共生系统数字化应用场景。推广测土配方施肥，减少化肥用量，推广科学施用商品有机肥、水稻缓释肥，推广单季稻秸秆堆腐还田和绿色防控技术，建设农田氮磷生态拦截沟渠建设，推广"稻鱼+N"发展模式。

三是打造"青田稻鱼米"区域公共品牌。成功注册青田稻鱼米地理标志商标，青田田鱼已获得国家农产品地理标志。在2020年的青田稻鱼共生世界文化遗产入选15周年系列活动上发布并展示了"青田稻鱼共生系统"LOGO和卡通形象、邮票、纪念封。建立浙西南首个农产品出口销售平台——青田侨乡农品城，做好"一粒米、一条鱼、一座城"的"三个一"文章，通过农旅推广、产品推介和农遗体验活动，结合线上线下模式，将稻鱼米销售到全国440多个城市，销向世界。青田稻鱼米的价格也从6元/kg提高到20元/kg以上，为农民亩均增收1 000元，带动农民增收4 000多万元。

3. 聚焦古法农耕，促进非遗发展

一是推动产业发展。 稻鱼共生种养面积逐年增加，"五统一" 种养模式面积达 6 000 亩。"青田稻鱼米" 在第三届中国·黑龙江国际大米节获籼米组金奖 2 项、"浙江省好稻米" 金奖 5 项、"丽水好稻米" 金奖 25 项，获得 "浙江省好粮油" 等荣誉。世遗稻鱼主题的民宿、旅游兴起。2020 年成功创建浙江省稻渔综合种养示范县。

二是加强资源保护。 18 个青田当地传统水稻品种继续在龙现村恢复性种植；采用 "多点多户" 保护方法，建立了青田田鱼种质资源保护点 26 个；与上海海洋大学合作共建田鱼研究中心，建设良种选育繁殖基地 2 个；举办主题征文，建设农业文化遗产教育基地和科普教育基地，成立小华侨少儿鱼灯队，打造丽水市首个 "世界农遗文化中小学研学实践营地"。2020 年，累计承接国内外中小学生、小华侨研学之旅 2 200 人次。

三是推进乡村建设。 庭院绿化与村庄美化、洁化、亮化工程长效推进，景区村创建亮点纷呈。稻鱼共生核心保护区龙现村成功创建首个 3A 级景区村，荣获 "浙江省美丽乡村特色精品村" 和 "全国 100 个特色村庄" 称号，方山乡荣获 "浙江省美丽乡村示范乡镇"。

四是展示特色文化。 文化展示更加丰富，建设青田县稻鱼共生文化博物馆、乡愁馆、乡情馆、茶油坊等多处展馆；举办农民丰收节；青田稻鱼共生系统入选全球重要农业文化遗产 15 周年 "青秧问稻·田鱼欢" 系列活动，在《人民日报》、中国新闻社、浙江卫视、《浙江日报》等省级以上权威媒体深入报道农特产品、文化宣播、农遗体验、全域旅游等。

青田海溪粉干富民增收

传统产业铸就金字招牌 创新升级诠释『致富密码』

青田海溪粉干将历史底蕴融入现代技术，打造了独具特色的粉干品牌，既传承了传统文化又促进了产业发展、农民增收。青田海溪粉干的发展具有以下3个方面意义。

一是实现产业升级。青田粉干在守住传统技艺的前提下，结合现代工艺，实现了流水线的生产方式。在提高工作效率的同时，通过了QS认证，成功实现了向精深加工延伸的转型，加强了"青田海溪粉干"的品牌建设。

二是提升品牌知名度。"海溪粉干"通过与"青田青"和"丽水山耕"等品牌的合作，扩大了青田海溪粉干知名度；与电商品牌"鲜生驾到"的合作有助于海溪粉干走出丽水、走向全国各地。

三是促进乡村振兴。青田"侨乡"与"乡愁粉干"融合产业园的建立有助生态旅游业的发展，游客量的增加提高了经济效益，也促进了"青田海溪粉干"品牌的知名度的提升。

◆ 一、基本情况

青田县海溪乡位于青田县西北部，四面环山，中间盆地是青田"三大盆地"之一，人口聚集。粉干是青田海溪久负盛名的传统农产品，有着数百年的制作历史。近年来，为实现村民持续增收，海溪乡党委、政府不仅积极拓宽销售渠道，寻求与县各机关企事业单位合作，还采用"公司＋合作社＋农户"的经营方式不断优化产业结构，注重品牌培育。通过强村公司统一原材料、科学加工、保护价收购、精细包装等方式，年产量达550万kg，产值约4 180万元。通过推动各村资源整合利用、传承创新，近年八品源粉干有限公司、青田海鹤食品有限公司成为龙头企业，成功研发出了黑米、铁皮石斛等新品种粉干，深受消费者喜爱。

◈ 二、主要做法和成效

1.立足传统优势，强化市场营销

守住"传统"开拓市场，立足传统优势，取长补短，促进产业转型升级。以八品源粉干有限公司、青田海鹤食品有限公司为首的龙头企业，通过技改项目和质检部门 QS 认证，采用流水线生产方式不断提高工作效率，促进粉干产业由初级产品、粗加工向精深加工延伸，不断加强品牌化建设，加工企业积极加入"青田青"和"丽水山耕"品牌认证，进一步扩大粉干的知名度，提升产品的销量。此外，为从根本上解决粉干产业转型升级难题，海溪乡与杭州龙骞科技有限公司展开合作，通过该公司的电商平台"鲜生驾到"，以精包装的形式将海溪粉干卖向全国各地。

2.推进农旅融合，促进乡村振兴

全力推进青田侨乡海溪乡愁粉干产业园建设，预计项目建成后，将实现粉干产业由低、小、散向标准化、专业化、规模化的转变，走向生态产业化和产业生态化协同发展，将粉干加工产业与生态旅游结合起来，努力实现农业强、农村美、农民富的幸福美丽新乡村目标。

◈ 三、粉干产业发展对策

1.积极推动有条件的地区成立粉干行业协会

以龙头企业为核心，建立粉干行业协会推动企业和生产者进行技术创新、新产品开发、传递原料市场和产品销售市场信息，制定统一的质量标准，配合工商、技术监督机构打击市场上假冒伪劣产品，规范市场，促进本地粉干产业的发展。

2.加强粉干加工技术的基础理论研究，使粉干加工科学化、合理化、规范化

（1）粉干加工原料的研究　目前的粉干加工企业普遍加工工艺参数不成熟，导致成品率低，品质不稳定。通过开展大米、玉米、红薯和马铃薯等主要农作物原料的淀粉特性、颗粒微晶结构、硬度、直链淀粉含量、糊化温度、老化值等相关理化指标研究，得出产品原料配比参数，以满足不同产品抗性强度和加工适应性要求。

（2）加工工艺的研究　开展对粉干生产各工艺流程的系统化研究，科学确定原料清理工序的级别程度、浸泡工序的时间和温度、粉碎工序的干磨和湿磨、搅拌工序的速度和水分含量、压榨工序的压力强度、复蒸工序的温度和时间、老化处理工序的时间和温度以及烘干工序的温度和湿度变化等工艺参数。采用适应原料特性的生产

工艺，确保生产出高品质的粉干。

3.加快新产品研制开发的步伐

促进企业技术创新，努力开发适应满足当前人们生活水平变化、符合市场需求、有利于提高企业竞争力的新产品，保证企业的可持续发展。

4.改进和完善粉干生产设备

加快推出机械化、自动化程度更高，能耗更小，生产效率更好的粉干生产成套设备。

5.树立品牌企业和品牌产品

粉干生产企业要在激烈的市场竞争中做大做强，保持较大的市场份额，必须抓好产品质量、打响品牌、树立良好的企业形象。

6.集中分散的、小型的粉干生产企业，走集团化发展的道路

一方面，减少对资源的浪费，降低生产和管理成本，提高企业效益，增强抵御市场风险能力；另一方面，整合集团内部的技术、资金和销售力量，便于建立网络市场，扩大市场份额。

7.加快粉干加工专业技术人才队伍的建设

随着粉干生产技术不断提高和设备的改善，粉干消费市场的扩大，粉干生产企业急需培养一大批具有粉干生产技术、产品开发、设备维护、企业管理、市场销售经验的专业技术人才来满足老企业进行技术改造、新产品开发和新企业上马对人才的需求。抓好粉干加工专业技术人才队伍的建设对提升粉干产业的整体生产技术水平、推动粉干产业的发展具有积极意义。

龙泉再生稻『种』出共富新希望

一种两收 节本增效

再生稻适合温光资源不够种植两季稻而种植一季稻又有余的地区，龙泉市的再生稻已经走出了茬口安排＋品种＋全程机械化＋种收服务的生产模式，是当前有限土地资源实现提高单产、降低成本的节本增效模式，是实现既要产量又要效益还要生态的粮食提质增效模式。再生稻作为"一种两收"的奇妙生产模式，具有经济高效、环境友好、省种、省工、节水等优点，对提高农业生产系统的弹性和包容性，适应农业结构调整、增加粮食产量、提高农民收入和保障粮食安全具有重要意义。

一是节约成本且生态。再生稻最大的特点就是节本增效，产量上去了，成本却压缩。头茬收过后，再生季每亩只要施用 15 ～ 20 kg 尿素和 15 kg 配方肥，不需要施用农药。与双季稻相比，该模式不仅能减少 1 次育插秧农事环节，还能减少农药化肥投入，节肥减药与省工节本效果明显。综合对比双季稻肥料用量减少 30% ～ 50%，农药用量减少 40% 左右，节省支出又降低了农业面源污染。

二是精准服务助创收。再生稻生产与本地单季稻农忙时节错开，种植大户在完成自己头季稻田的耕种收后，能马上为周边农户开展服务，农机具使用率大大提高，同时可以挣取服务费，扩大散户粮食生产面积，潜在的经济效益和社会效益巨大。

三是满足需求增效益。再生稻的米质、口感都更好，通过对接市场打响再生稻品牌，满足消费者对绿色优质农产品不断增加的需求，而且头季稻提早上市获得了米抢鲜效益。与单季稻相比，该模式增加一季的产量与效益；与双季稻相比，节省一季成本，获得相当效益。

◆ 一、基本情况

水稻是龙泉市最重要的粮食作物，也是重要的口粮作物，提高水稻单产和效益将有效提高全市粮食生产水平。有这样一种水稻种植模式，1次种植2次收获，即在8月中旬头季水稻收割后，利用稻桩重新发苗、长穗，不用再育苗、插秧，约60 d后再收一季，称之为再生稻。20世纪90年代，龙泉市曾推广再生稻栽培技术，然而在很长的一段历史时期内，再生稻的栽培技术并不成熟，产量低且不稳定。2019年以来，龙泉市勇于破题，开展示范推广再生稻全程机械化优质生产技术，再生稻头季高产品种亩产660 kg，平均产量550 kg，再生季亩产300 kg，两季平均总计850 kg，比一季稻产量增加42%，收获头茬早季稻米和晚熟再生优质稻米，实现单产质量并举。

◆ 二、主要做法和成效

1. 政策发力，扩大种植规模

以稳粮保供、增产增收为主线，加大政策扶持，挖掘扩面潜力，完善责任体系，确保"米袋子"安全。龙泉市农业农村局牵头出台《抓好粮食生产工作的意见》，对规模种植 50 亩以上的再生稻第二茬给予每亩补贴 200 元，推进再生稻生产规模化发展，并实现龙泉市再生稻生产均为 50 亩以上连片种植。2022 年，再生稻高产高效栽培模式在龙泉市小梅镇、兰巨乡、八都镇等 9 个乡镇成功推广应用，建成再生稻示范基地 16 个，推广面积达 3 200 亩，较 2021 年增加 120%。

2. 示范建设，技术团队护航

一是团队项目开路，提炼技术。2020 年，通过丽水市粮油产业技术创新与服务项目团队，设立"龙泉市再生稻全程机械化技术模式探索"项目，筛选出甬优 4901、甬优 1526、甬优 1540 等适合再生稻生产的品种，得出早追肥促腋芽、重追肥增产量、轻搁田不压苗等机械化生产技术要点，并举办丽水市再生稻技术观摩现场活动。

二是创建绿色示范推广技术。2021—2022 年共建立再生稻千亩示范方 6 个、百亩攻关方 1 个，以规模种粮大户为核心，进一步扩大再生稻生产面积。

三是社会化服务 + 乡土农技员模式显成效。龙泉市成立祥禾粮食产销服务有限公司、农机合作社、再生稻育秧集中服务点等，统一采购基质、统一催芽育秧，聘请种粮能手、退休农技干部为乡土农技员，实现统一集中育秧，保障秧苗质量。

3. 订单收购，解除卖粮担忧

龙泉市发展和改革局等部门牵头出台政策，将再生稻头季稻纳入早稻收储订单，每交售 50 kg 稻谷奖励 30 元，以国家储备粮早稻收储 3.1 元/kg 的形式进行收储。2021 年，龙泉市调整"网上采购早籼稻谷 3 300 t"调整为"采购早籼稻谷 3 300 t，其中，本地收购早稻（再生稻）1 000 t 左右"；2022 年，本地收购增加为 1 500 t，实现再生稻头季稻订单全覆盖，消除种植户销售困难，同时享受订单早稻补贴。全市头季稻平均亩产 550 kg，亩产值达到 1 860 ～ 2 015 元。

4. 合作订单，探索共富之路

再生稻生产的稻谷以"公司+种植大户"签订生产收购合同的形式进行销售，统一收购、统一烘干、统一销售，产品销往上海、杭州、温州等地，大幅度提升种植效益。

与单纯单季稻相比，再生稻栽培模式增加一季产量，增产增效显著，与普通双季稻相比，该模式能少用农药 1 ～ 2 次、减量 20% ～ 30%，减少化肥投入 20% ～ 35%，减药节肥效果明显。2021 年，再生稻推广种植面积 2 000 亩，为龙泉市增加粮食产量 1 700 ～ 2 000 t，种粮大户收入增加 260 万 ～ 393 万元，为龙泉市保障粮食安全、促进种粮大户增产增收作出重要贡献。

龙泉稻耳轮作让『闲田』变『增收田』

释放土地红利 实现钱粮双收

龙泉发展稻耳轮作，利用水稻生产较稳定的特点，以木耳的高效益为支持，积极采用机械化生产等省工高效生产方式，提升水稻生产经济效益，对保障粮食生产、确保粮食安全具有重要意义，也是一条有效解决稳粮保供与农民增收双线保证的高效途径。

一是释放生态效应。水稻生长过程基本处于浅水层的状态，其生长状态导致环境的厌氧菌类基数增加。木耳生产期间土壤偏干，提高了土壤透气性，对改善水稻生长环境、减轻病虫害、减少越冬病虫基数起到明显的改善作用。水作与旱作交替，也同样减少了木耳栽培中杂菌的发生，增加了木耳的有效产量。

二是改善土壤结构。木耳生产结束后的菌棒部分粉碎后还田于稻田，有机质大量增加，改善了稻田土壤通透性，促进稻田形成良好的土壤团粒结构，有效改良了土壤。同时，菌棒施用后可以减少约20%的肥料用量，节省了生产成本，也避免了木耳生产后的废弃物对环境的污染，形成生产废弃物的循环利用。

三是集约利用农田。木耳的排场下田与收获时间完美契合水稻生产的空当，农田资源做到全年无闲，可最大限度地提高土地的经济效益。

◆ 一、基本情况

木耳又叫云耳、桑耳、木菌、树耳等，属好气性真菌，是主要的食用菌之一。其质地柔软、风味独特，有很高的营养价值，被誉为"素中之荤"，具有广泛的自然分布和人工栽培。木耳与水稻看似毫不关联的两种农作物，通过技术耦合进行轮作栽培，产生了1+1远远大于2的效果。该模式每亩可产黑木耳600 kg、稻谷600 kg，平均亩产值达3万元以上，在不减少粮食产出的基础上，实现了"千斤粮、万元钱"，龙泉全市年推广面积1.5万亩。2020年，龙泉市"水稻+黑木耳"绿色高质高效生产模式入选农业农村部的高效种植模式典型案例进行宣传推广。

◆ 二、主要做法和成效

1. 因地制宜，精选品种

一是划定发展区域。以低海拔、高热量为划定原则，保障水稻生长发育所需温度和木耳生产时间，划定安仁、小梅、查田、八都等低海拔区域为稻耳轮作区，并根据劳动力情况和木耳生产环节的要求确定生产规模。

二是科学安排播种。科学安排茬口，提早播种，确保水稻9月下旬收割，给木耳场地搭建腾出时间。

三是精选适种品种。通过省（市）技术团队项目筛选，选择中浙优8号、甬优1540等生育期适中品种，引进"黑山"系列黑木耳品种，出耳齐、不烂棒、品质优，深受市场欢迎。

2. 分工合作，节本增效

一是水稻全程机械化服务。搭建粮食生产专业合作社联合社3个，覆盖龙泉全市粮食生产技术服务和社会化服务，针对稻耳集中育秧、插秧，每亩补贴70元，确保早春水稻安全育秧，实现节本增效。

二是工厂化生产木耳菌棒。探索"机械化料棒加工 + 智能化集约化养菌 + 农户分户出耳"模式，发展培育食用菌原料制备、装备、接种、灭菌一体化全程机械化生产菌棒中心，农户只需拿到菌棒即可出耳生产，打破又要忙水稻生产又要忙黑木耳菌棒制作的矛盾局面，黑木耳种植数由最初的500多万棒猛增至1.8亿棒，有效促进了龙泉食用菌产业的发展。

3. 维护形象，顺畅销售

一是维护提升食用菌市场形象。通过派驻专职执法人员和协管人员，维护浙闽赣食用菌交易市场环境及秩序，保障黑木耳销售畅通；加强抽检，依法严厉打击喷洒水分、掺入糖分等违法行为，维护龙泉食用菌的声誉。

二是开展粮食订单收购补贴。积极对接粮库，开展订单粮食收储计划，享受订单政策。

莲都深耕水稻全产业链振兴乡村

◆ 种好水稻 卖好价钱

　　莲都探索水稻全产业链发展模式，从田地翻耕、育秧、插秧、病虫害防治、收获、烘干到加工销售全程机械化生产，改变传统粮食生产方式，解决农村土地撂荒问题，有效提高农机使用率，扩大粮食生产面积，不仅解决了耕种难的问题，而且通过加工销售大米，效益较传统模式翻一番。

　　一是实现全产业链社会化服务。解决好"谁来种地""如何种地"的问题是稳定和提高粮食生产的头等大事。小农户分散经营成本高、专业化程度低，留守农户、候鸟式农民既管不了耕地，也管不好耕地。通过全产业链社会化服务，及时解决了耕种收问题，也提高了优质高效技术的覆盖面，打开了节本增效的路子。

　　二是解放劳动力。水稻全产业链模式全面提升了粮食生产的发展水平，一定程度上摆脱了依靠增加人力投入满足规模经营的限制，助推了土地流转发展粮食生产规模经营，生产环节上解放出来的大量劳动力可以去从事收入更高的行业，助力农村其他产业的发展，增加农民收入，助推乡村振兴。

　　三是产量效益双提升。技术推广和机械运用解放了劳动力，拓展产业服务和产业链，推动土地向合作社、种粮大户集中连片流转，促进农作制度创新，推进粮食生产向规模化、集约化方向发展，释放出规模集约经营的红利，获取比较稳定的产量和效益。

　　四是生态效益凸显。推行绿色发展理念，实施减肥减药工程，减少污染源，通过服务组织扩面集中供育秧、病虫害绿色防控等综合技术，降低农药、化肥投入，减少农业污染源，降低农业生产对生态环境的影响，提高产品安全性。

◆ 一、基本情况

莲都区水稻生产面积常年稳定在3万亩以上，主要生产区域分布在碧湖、老竹、丽新等乡镇，依托碧湖平原地力条件，自2007年以来开始推广水稻全程机械化，成立了丽水市莲都区心连心农机专业合作社、丽水碧湖虹菊粮食产销专业合作社等，开展育供秧、耕种收等社会化服务；借助市辖区交通优势、市场优势，发展稻米产加销一体化，打造"谷丽莱""通济堰"品牌。近年来，通过加大社会化服务政策的补贴力度及引导，发展水稻全程机械化生产面积10 000亩，产加销一体化3 300余亩，稻米产量115万kg、销量75万kg、效益300余万元。

◆ 二、主要做法和成效

1. 打造平台优服务，降低种植成本

莲都区依托碧湖平原核心区，创新服务模式，创建粮食产业合作社、联合社，打造综合农事服务平台，装备高速插秧机、全喂入收割机、无人植保机、烘干机、碾米机等大型现代化农业生产机械，组织成员开展统一联系业务、统一采购农机物资、统一作业价格、统一调配、统一培训的"五统一"流程农机社会化服务。联合社根据当地农业的实际需求对农户机械化生产采取不同的服务方式，根据不同的服务项目进行收费。同时，出台社会化服务补贴政策，对散户服务面积100亩以上统一每亩育秧补贴45元、机插补贴45元、统防统治50元，降低散户支出成本，有效提高农机使用率，解决了农村土地撂荒问题。当前，联合社通过向农户提供粮食生产全程机械化一站式社会化服务，每年可作业面积20 000多亩，平均每亩作业效益30元，社会化服务年效益60余万元。通过耕种收环节社会化服务减少人工1个，节约肥药30%，实现亩节约成本255元。

2. 打造品牌拓市场，实现产销两旺

借助市辖区交通、市场优势，发展稻米产加销一体化，培育的丽水市心连心粮食专业合作社、丽水市炜奕粮食专业合作社、丽水市碧盛粮食专业合作社等生产经营主体已加入"丽水山耕"区域公共品牌，加工后的稻米以"电商＋实体店"销售模式为主，包装以 2.5 kg、5 kg 为主，兼有 1 kg 等精装包装，主要销售市场以丽水本地为主。通过发展稻米产加销一体化，亩产值 550 kg 稻谷，成本 1 950 元，加工后稻米 390 kg，亩产值 3 120 元，净利润 1 170 元。以种粮大户吴协军为例，其合作社签订社员订单，服务延伸效果显著，品质提升，品牌提效，生产的稻米注册"通济堰农家软香米"商标，曾获"丽水市十佳好稻米""浙江省好稻米优质奖"等称号，2020 年，基地大米荣获农业农村部绿色认证，与莲都区旅投公司签订订单，并通过"电商＋实体店"模式进行销售，年销售稻米 25 万 kg。

3. 定位高产强技术，提高产出效益

强化技术培训，促进农机农艺融合，协调农机、植保、粮油、种子、农广校等专业技术人员，邀请农业专家和农机经销企业为农户和操作机手开展作业技术培训和生产技术提升培训。通过服务组织，将全程机械化作业和高产栽培技术服务到散户，扩大优质高产品种和配套技术覆盖率，提高单产，增加产量效益。目前，一般农户水稻单产 500 ～ 550 kg/亩，通过统一技术服务，实现亩产 550 ～ 650 kg，稻谷价格 3.18 元/kg，亩产值 1 749 元，扣除成本 1 425 元，通过耕种收环节社会化服务减少人工 1 个，节约肥药 30%，实现节本 255 元，增产 10% ～ 20%。

莲都蚕豆——水稻轮作模式助力共同富裕

莲都区推广蚕豆—水稻轮作模式实现水旱轮作，不仅提高了农田复种指数，增加了农民收入，而且蚕豆收获后秸秆还田，增加土壤有机质含量，改良土壤，达到土地用养结合，经济效益、生态效益显著。

一是经济效益提升显著。利用冬闲田种植一季旱粮作物，提高了土地利用率，每亩效益较种植一季水稻高1 200元，亩均效益提升明显。

二是生态效益显著。稻田水旱轮作，能改良土壤的物理性状，明显增加土壤的通气性，促进有益土壤微生物的繁殖。蚕豆收获后，土壤中留有大量的根瘤菌，增加了土壤中氮素含量，蚕豆的秸秆还田还能增加土壤中有机质含量，从而提高土壤肥力，相对减少化肥的施用量，降低生产成本。同时，稻田实行不同作物的轮换种植，还能改善农田生态环境，减轻病虫害的发生。

三是社会效益较好。蚕豆—水稻轮作模式较快地得到了推广运用。通过建立基地、做好示范，形成"做给农民看，带着农民干，辐射周边学"的农技推广模式，调动了周边农户种植粮食的积极性，为增加农民收入起到积极作用。

◇ 一、基本情况

　　蚕豆具有"粮、菜、经、肥"兼用的特点，是莲都区传统冬种作物。莲都区充分利用春季回温早、阳光充足、土地肥沃等优势条件，大力推广实施以覆膜栽培为重点，化学调控、根外追肥、病虫害综合防治等相配套的蚕豆促早熟高产栽培技术。近年来，蚕豆生产规模不断扩大，种植大户不断涌现，2021年，全区蚕豆种植面积达2.4万亩。蚕豆收获后再种植一季单季稻，通过蚕豆—水稻轮作，提高了农田复种指数，且蚕豆秸秆还田，改良土壤，达到土地用养结合，经济、社会和生态效益明显。莲都区蚕豆—水稻轮作模式推广面积1.5万亩，每年效益可达2 380.5万元。

◆ 二、主要做法和成效

1. 以技术推广为引领，实现良种良法

近年来，莲都区通过"新品种、新技术、新机具"推广，着力推广应用优良品种，着力夯实栽培技术，着力提高农机具水平，千方百计提高粮食产量，促进农业增效、农民增收、农村稳定，使农业生产呈现出新的面貌，努力开创农业农村发展新局面。在品种方面，引进示范推广高产、优质、多抗的品种，引进蚕豆新品种陵西一寸、浙蚕 1 号，水稻品种嘉丰优 2 号、泰两优 217、华浙优 223 等，优化种植区域结构，提高良种覆盖率。在技术方面，推广应用水稻"两壮两高"栽培、测土配方施肥、统防统治、全程机械化生产等系列先进适用技术，实现良种良法结合、农机农艺配套。

2. 全面盘活田地资源，带动劳动就业

莲都区传统种植模式为水稻种植后冬季闲置，利用冬闲田种植一季旱粮作物，提高了土地利用率，而且在蚕豆进入采收旺季时，蚕豆种植大户还会雇用周边村民进行务工采摘，平均 1 000 亩每天用工 300 多人，每人每天可获得 120 ～ 200 元的收入，能有效带动周边群众增收致富。

3. 以拓展市场为手段，促进增收增效

制订莲都区《鲜食蚕豆生产技术规程》，大力推行农业标准化生产，引导农民按质量标准生产，提升农产品的档次，打造农产品品牌。随着产业的形成和发展，以市场需求指导生产，以生产发展拓展市场，逐步构建起营销网络，不断推进产业发展和壮大。形成以行政村或生产片区为单位的营销队伍，连接生产农户和基地，衔接市场需求端和生产端，联通产销对接关系，形成较为紧密的营销网络。由于莲都区回温早，蚕豆较其他地方上市时间提早，价格可提高 1 ～ 2 元 /kg，每亩效益 1 200 元。同时，莲都区近年来打造"谷丽莱""通济堰"等品牌，发展水稻产加销一体化 3 300 余亩，稻米产量 115 万 kg、销量 75 万 kg、效益 300 余万元。

云和梯田多样性种养共生
打造农旅融合样板
一产助推三产 三产反哺一产

云和梯田的创新做法实践着"绿水青山就是金山银山"理念，这种做法抢抓机遇、放大特色，注重梯田文化遗产的挖掘保护与传承，努力走出符合丽水实际、具有山区特色的高质量发展共同富裕之路。

一是拓宽共富路径。云和梯田以"千层梯田、千米落差、千年历史"著称，是华东地区规模最大的梯田群，被誉为"中国最美梯田"，是云和最具竞争力、最有辨识度的旅游资源。坚持以水稻生产为核心，传承农耕文明，走农旅融合道路，多元化经营，拓宽山区共富路。

二是实现丰产增收。粮食生产功能区建设建立在保护梯田生产环境基础上，建设育秧烘干中心，采用水稻绿色生产技术规程模式，实现粮食增产、农业增效、农民增收。

三是助推"双减"落地。梯田研学，中小学生融入自然，激发了学生热爱生活的情感。同时，让学生在劳动实践中增长农业科普知识，提高学生动脑和动手相结合的能力，真正做到学会创造、学会合作、学会生活。

◆ 一、基本情况

云和县地处浙西南，为丽水的地理中心，山水资源独具特色。云和梯田位于崇头镇，总面积约 50 km²，面积名列全国前三位，具有"千年历史、千米落差、千层梯田"的美誉。农作物种植以水稻为主，核心区域面积 430 余亩。以水稻生产为核心，融合农耕文化、银矿文化和畲族文化，与云海、竹林、森林、溪流、村落形成多样性生态系统。

时至今日，当地农人种植梯田稻米，仍完整保留着传统的插秧、收割、筛选、晾晒技艺，并延续着古已有之的稻鱼共生、稻鸭共育等模式，目前，年推广稻田养鱼 3 000 亩、耳（菌）稻轮作 300 亩、稻鳖共育 100 亩，守护"生态、循环、低碳"的传统农耕精神。

经过多年的发展，云和梯田从最初的籍籍无名到如今通过国家 5A 级旅游景区景观质量评审，被列入了"诗画浙江"耀眼明珠培育对象，辐射带动了大批山区农民增收致富。随着生态旅游的发展，村民们在家门口凭"卖风景"吃上了"旅游饭"，梯田景区接待国内外游客达 78.8 万人次，实现营业收入 2 632 万元，全镇农家乐（民宿）增加到 164 家，实现营业收入 2 000 余万元。

◆ 二、主要做法和成效

1. 全面保护修复，补齐交通短板

云和梯田景区先后成为国家 4A 级旅游景区、国家水利风景区、国家湿地公园。云和在开发梯田的同时，也做好生态提质与优化的文章，实施湿地生态保护修复工程，对梯田保育区实行分区管理，恢复园内撂荒抛荒梯田 30 hm²、恢复森林植被 33 hm²、补植各类苗木 3.9 万株，并配备完善的生态监测设施。与此同时，云和大力实施生态路网提速工程，加快补齐交通等基础设施短板，将景区串珠成链。后交线（崇头至吞头）、游客中心至后交线公路、后交线至坑根、后交线至梅竹等 4 条通景公路已通车 2 条，县城至镇区绿道、环镇区绿道正加紧建设，连接古村落及梯田的 50 km 古道已完成修复，加快形成城乡景区、景区与村的交通网络新格局。同时，观云索道 2022 年 7 月已开始试运行，丰富了景区交通形式。

2. 稻作规模发展，创新种养模式

统一土地流转，水稻规模发展经营。通过云和梯田公司统一运作，成立云和兴逸生态农业开发有限公司，规模种植水稻 800 亩，全域享受粮食生产功能区规模种粮每亩 350 元政策补贴。云和梯田坡度大，田块小，土层稳定性弱，无法靠大型机械化降低人工种植成本。根据云和梯田自身特质，依靠一地多产、高山生态优势、种养结合等套作模式达到增产增收的目的，打造了稻鱼、稻螺、稻鳖等共生生态系统。

3. 深耕农旅融合，焕发生机活力

坚持把推动景区发展与促进农民增收、推进乡村振兴、实现共同富裕有机结合起来，不断拓宽"两山"通道，充分发挥景区辐射作用，推动生态产品价值加速转换，带动"村庄强、村民富"。梯田核心景区的崇头镇坑根村原本是偏远衰败的古村落，如今游客如织，村民们也因此吃上了"旅游饭"。据统计，梯田景区开业运营以来惠及2万余人，景区周边有农家乐民宿164家，从业人员420人，户均年营业额超过20万元；景区周边农民人均收入从2016年的1万元增加到2021年的2.5万元，年均增长保持在15%以上，增幅比全县平均水平高5.5个百分点，总量比全县平均水平高445元。日益完善的景区周边村庄基础设施建设和生态环境也吸引了大量乡贤、农创客、新农人返乡创业，如今在梯田景区，170幢空闲农房实现"二次利用"，5 000余亩梯田被修复，土地抛荒率从2016年的45%下降到2022年的5%，焕发出乡村的强大内生动力。

4. 打造研学基地，传承农耕文明

积极打造学农基地，申报"浙江省中小学劳动实践基地（学农基地）"，积极发展"农业＋旅游"产业。学农基地分成四大板块，一是田间实践教育板块，根据季节的变化让学生参与田间劳动，加强实践教育；二是农产品加工板块，学生可以学习水稻收割、烘干、碾米、包装等内容，了解加工过程；三是拓展训练板块，让学生通过参加农事活动比赛、农村社会调查等活动加强学生社会实践教育；四是家禽、家畜等生态体系观察教育板块，让学生观察畜禽养殖过程，科普生态体系教育。这四大板块的内容可以全面推进学生的素质教育，拓宽中小学生实践渠道，培养学生的创新精神和实践能力，并通过这样的方式将农业教育融入旅游当中，从而推动云和梯田农业＋旅游业的双向发展，争创营收。

在确保园区景观的完整性、原始性和生态性的基础上，增加了休闲观光、农事体验、户外自然课堂、农耕教学课堂等配套。依托景区、团建、研学活动，给游客开展农耕特色的劳动教育，提供田鱼垂钓、摸田螺田鱼、野炊、喂小动物等活动，在此基础上，融入土特产的零售。

"景宁600"农业品牌开辟共富新路径

资源变资金 『山景』变『钱景』

◎ 专家点评

"景宁600"是一项真正立足于景宁畲族自治县（以下简称景宁）实际的富民强村工程，也是实施乡村振兴战略、加快区域推进农业供给侧结构性改革、培育农业农村发展新动能以及缩小地区差距、实现共同富裕的重要突破口，具有以下4个方面的意义。

一是"海拔线"变成了"幸福线"。景宁通过打造"景宁600"品牌，将"九山半水半分田"的地貌劣势、2/3的村落坐落在海拔600 m之上的现实窘境转化为产业发展优势，依托良好的生态环境，大力发展"海拔经济"，让资源变成资金，让"山景"变成"钱景"。

二是拉长农业产业链。身处大山之中的高山生态农产品通过统一种植技术、统一包装、统一销售走出"山门"，推动农产品向旅游地商品的转化，让农产品变成方便携带、邮寄的商品，在拉长农业产业链的同时产品附加值也随之大为提高。

三是提升品牌知名度。景宁通过举办"景宁600"农商对接大会，组织参加展示展销推介会，在各景区、农家乐开设农产品展柜，在宁波、上海等发达地区设立"飞柜"以及依托网购平台在线上售卖，"景宁600"品牌知名度越来越高。

四是实现农民增收致富。"景宁600"已成为山区农民脱贫致富的重要抓手，让高山远山的村民通过自己熟悉的土地就能够增收致富，并且无需外出跑销路，过上了小康生活。

◆ 一、基本情况

作为山区 26 县之一，畲乡景宁大山中有一道"无形的线"——海拔 600 m，这是一条自然地理分界线，当地 2/3 的村落坐落其上，拥有多种天然绿色、质地优良的高山生态农产品。2017 年，景宁县委、县政府瞄准高海拔的生态优势，创新打造"景宁 600"区域公共品牌。

"景宁 600"指国家主体生态功能区景宁境内海拔 600 m 以上生产的生态精品农产品，是景宁打造的县域农产品公共品牌，旨在为全县海拔 600 m 以上生态精品农产品搭建一个产销一体化的服务平台，以发展"海拔经济"助推山区农业供给侧结构性改革。

◆ 二、主要做法和成效

1. 聚力扩量提质，激发内生动力

先后出台《乡村振兴·"景宁600"产业富民工程三年行动计划》《农业产业扶持政策》等文件，通过优化产业扶持政策、实施农民增收项目和建立小农户创业奖励机制，降低投产门槛，写好"景宁600"增量、提质、营销的文章。

建立对标欧盟的品牌准入制度，引导县内农业龙头企业、示范性合作社、种养大户和销售主体分批次加盟，共创共享，组建产业农合联，逐步形成以惠明茶、冷水茭白等拳头产品为代表的7品类112款优质高山农产品体系。

加快推进"景宁600"生态茶园、放心菜园、快乐果园、养生菌园、道地药园、空中花园、开心农场、美丽牧场等基地的建设提升。按照"一乡一业、一村一品"的总体格局，着力培育"名、特、优、新"优质生态精品农产品。

强化农业生产技术服务，成立"景宁600"农业技术服务队，为农业主体提供关键技术培训和现场技术指导，激活农业主体创造力。成立"耕作者联盟"和"销售者联盟"，组织加盟企业指导农民有机耕作，实践茶园养羊、稻田养鱼、茭田养鸭、林下种药等生态种养模式，带领中小散户共闯市场、共享渠道、抱团营销。

2. 强化市场营销，提高溢价能力

按照"品牌化、便携化、创意化"思路，通过农产品包装设计大赛、图案征集大赛、农转化等方式将优质农产品与畲族古法农耕文化、传统膳食文化、独特生态文化相结合，开发出具有畲乡特色的旅游地商品。目前，已成功开发出景宁惠明茶、月子大米、静水土鳖等"景宁600"系列农产品，深受市场青睐。

举办浙江省"景宁600"农商对接大会，组织参加中国国际茶博会、上海国际茶文化旅游节等展示展销推介会，借助主流媒体、自媒体、农民丰收节、"三月三"、农博会等渠道开展形式多样、丰富多彩的品牌宣传活动，扩大"景宁600"品牌知名度和影响力，提升景宁农产品市场认同度。

借力浙江"山海协作工程""长三角一体化发展"等区域协调重大举措，将精品山货组合成"大礼包"源源不断地送往宁波、上海等发达地区设立的"飞柜"，"景宁600"品牌影响力、附加值持续提升。不断通过"蔬菜基地＋收购网点＋农产品包装＋产品配送"的模式，大力推动"飞网"经济，让景宁的优质农产品"飞"进周边县市的餐桌。

3. 推进农旅融合，促进乡村振兴

加快农产品向旅游地商品的转化，让农产品变成方便携带、邮寄的商品，让农场"化身"旅游地商品购物点，让游客"有的吃、有的拿"。把农村作为一个大景区、大花园来定位，积极打造精品水果采摘园、农旅产品展销中心、休闲观光基地等农旅融合点，形成"一田一处景、一村一幅画、一线一风光"的美丽格局。在全面提升 2 家国家 4A 级旅游景区基础上，成功打造出农旅融合"两大环线"，围绕"吃、喝、玩、乐、住"，提

升"白大"（白鹤—大漈）精品农旅景观带，形成四季农耕园、桃源水果沟、雅景多肉文化园等农业休闲观光点；依托"品赏体验购"，新建"大沙"（大均—沙湾）线，形成以点成线、以线带面的美丽经济带，通过农旅融合发展带动农民增收。

经过 5 年的发展与积淀，"景宁 600"融合了景宁的畲族民族特色、生产生活方式和生态环境优势，形成了独具特色的农业文化，使海拔 600 m 成为山区产业振兴、百姓增收的"幸福线"，为全县农民带来实实在在的收益，入选浙江省缩小地区差距典型案例。截至目前，"景宁 600"累计建成生态农产品基地 11.7 万亩，销售额累计 26.48 亿元，平均溢价率超过 35%，带动农民人均年度可支配收入实现近 50% 增长，开辟了山区高质量绿色发展的共同富裕新路径。

遂昌薯条助农户『发家致富有路子』

番薯化身『致富宝』 地里长出『黄金条』

遂昌探索番薯全产业链发展模式，从番薯品种选择到规范化工厂生产及建设本地品牌，通过线上线下宣传和平台搭建，构筑起了一条完整的番薯产业从种到销的"致富之路"。

一是解决鲜薯销售的好途径。以前，交通不便的偏远村落农户所种鲜薯往往卖不出去，最后只好拿来喂养家畜。如今，加工厂直接和农户达成契约，统一收购鲜薯并加工成薯条，使得产品销售圈大幅扩大，相应的鲜薯收购量也大幅提升，解决了农户鲜薯销售困难的问题。

二是迈出共同富裕的新步子。原先许多农户都不敢多种番薯，生怕卖不出去。现今有工厂统一收购，农民的种植积极性便上去了。工厂加工剩余的番薯皮还可以晒干后用于制作家畜的饲料，一举多得；不少农户还会在农闲季节到薯条加工厂做帮工，获取额外的收入，带动农户一起致富。

三是保障粮食安全的后备库。番薯作为旱粮作物，适应性广，贮存能力强，对土壤挑剔程度不高，容易种植且产量大，可长时间保存，同时，营养价值高，对于保障国家粮食安全和作为粮食后备库具有深远的意义。

◈ 一、基本情况

遂昌山区耕地土质疏松，很适合番薯的生长，而其旱粮作物适应性广、贮存能力强的特点对确保粮食安全也有着长远意义。但是，直接售卖鲜薯效益不高，再加上许多种植番薯的山区村庄交通不便，鲜薯销售困难，遂昌县依托当地得天独厚的生态优势，把发展番薯产业链作为促进农业增效和农民增收的渠道之一，将鲜薯加工成薯条再进行销售。如今，遂昌薯条行情一路看"涨"，已成为当地的"黄金"产业，产出的薯条香甜可口、软糯弹牙，麦芽糖的风味回味悠长，当地百姓间便流传着"甘薯胜蜜枣"的说法。据统计，2021 年，遂昌县制作番薯干的鲜薯种植基地面积有 7 500亩，年番薯干产量达 375 万 kg，产值超 8 000 万元。

◆ 二、主要做法和成效

近年来，为提高薯条的品质和产量，遂昌县推广"浙薯13"等适宜薯条加工的番薯新品种。该品种具有淀粉含量高、水分少、在温差大的山区糖化速度快等优点，因此，迅速取代了"舟农白皮"等老品种，并开始在遂昌县大面积种植，成为遂昌主导的番薯新品种。"浙薯13"加工出来的番薯条品质较好，经济效益高，极大提升了遂昌薯条的品质与口碑。

1. 规模规范制薯条，保障生产标准化

遂昌金色食品有限公司是一家专做番薯加工的工厂。最初，从农户手中收购半成品做真空包装、杀菌，但每个农户的制作工艺都有差异，收购来的粗加工品水分、色泽、厚度不一，产品质量很难保证，于是与浙江省农业科学院的专家一起研究工厂化的薯条加工工艺。如今，自主研究、定制的薯条机械化加工流水线已投入使用，薯饼在烘烤过程中不再需要人工翻面，可以 24 h 不间断烘烤，也让整个生产流程缩减到 36 h，而作为核心成员的十几位技术工人在日常加工环节不断改善自己负责的环节，使工厂化产品的品质与手工加工产品品质更为接近。

2. 线上线下相结合，打造销售新模式

积极与赶街等电商平台对接合作，打造电商线上销售平台，为电商达人和农户搭桥牵线，达成网络电商销售合作协议。同时，线下与赶街村货村民直卖店、遂昌垂柳特产店、遂昌畲寮土特产经营部等销售主体签约，建设线下指定销售门店，保障薯条生产销售流程通畅。同时，对番薯条包装进行全面升级，改用食品级包装盒，并进一步改进包装盒外观，大大提高了番薯条的产品综合竞争优势，结合当地文化，打造"柘岱口""好川薯条""黄沙腰"薯条等具有地方特色的本地品牌，一改原本番薯条销售渠道单一的局面。

缙云『908 小麦』成就爽面大业

◆ 延伸产业链 打造新引擎

缙云爽面产业不断发展壮大，作为重要原料的 908 小麦起重要作用，它给缙云爽面带来的经济效益是无法计算的，是"无价之宝"。

一是打通产业链各环节。通过构建 908 小麦产加销全产业链，打通种植、收购、仓储、加工、销售各环节，一改过去小麦种植与市场需求脱节、农民丰产不增收等问题，让更多的种植户看到了增产增收的美好未来，有效解决了农村剩余劳动力的就业问题。

二是蹚出共富新路子。从种子到食品的 908 小麦全产业链模式，朝着一二三产业深度融合方向发展，增强小麦全产业链竞争力，走出了一条有特色、可复制、能推广的先富带后富、高质量实现共同富裕之路。

三是巩固国家粮食安全。发展 908 小麦全产业链，不仅能够"多打粮，打好粮"，增加农民收入，还能加快粮食产业创新发展、转型升级、提质增效，从而进一步巩固国家粮食安全，将"饭碗"牢牢地端在自己的手中。

◆ 一、基本情况

缙云县小麦种植历史悠久。20世纪80年代,小麦年播种面积达6万～8万亩,目前,播种面积稳定在1万亩左右。近年来,随着缙云爽面产业的开发和品牌建设,逐步形成了小麦生产、土面加工及销售的小麦产加销全产业链模式,不断增加产品的附加值。

缙云爽面又称土面、索面、土爽面,是缙云传统的特色面食、土特名产,一直以来为缙云人民所喜爱。缙云爽面选用传统的优质908小麦品种,以古法传承制作,利用和面、发酵、手工拉制、晾晒、裁剪等传统工艺,生产的产品口感爽滑细腻,醇香宜人,令人回味无穷。2021年,缙云爽面生产量超1 000万kg,产值达到2.4亿元,纯利润5 000多万元,已逐步发展成为乡愁富民的大产业。

◆ 二、主要做法和成效

1. 加强田间管理,保障产量质量

精选籽粒饱满的908小麦种子播种。播种前先深翻土壤进行整地,保证透气性,并施入腐熟的有机肥,搭配少量复合肥,为小麦生长提供养分。小麦生长期做好灌溉施肥、病虫草害防治等技术措施,全面有序推进小麦管理工作。

对908小麦进行提纯复壮,保证908小麦品种特性,提高小麦产量;围绕小麦产业发展,充分发挥缙云地理、产业等优势,建设小麦种植示范基地,落实标准化生产,严格产地环境、产品质量检测和投入品管控,严格把控每一个环节,提高基地的综合效益。

在选好、种好、管好的同时,引导种粮大户利用冬闲田种植908小麦,对908小麦种植大户进行补助,每亩种植补贴300元,极大调动了农民种植908小麦的积极性,保障了缙云爽面的原料来源。2021年,缙云全县908小麦种植面积达到7 000多亩,总产量1 500 t,市场价格达到7～8元/kg,是普通小麦最低保护价的3倍以上。

2. 制定标准规范，强化人才培育

开办土面加工厂，制订土索面企业标准，对爽面的生产要求、检验规则、标签、包装、运输、贮存等进行规范；制作《缙云索面传承历史及制作工艺手册》，对爽面的制作加工技艺（和面、发酵、搓条、上条、拉面、晾晒、裁面）做了详细的解释和说明全面推广缙云爽面制作规程，推动标准化生产，建立健全卫生安全标准、烹饪技术标准和管理标准，并结合当地的饮食习惯进行改进、完善，走好产业标准化之路。

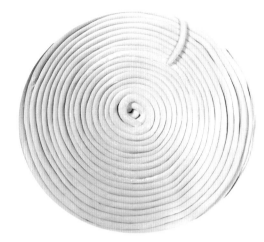

积极探索缙云爽面的小作坊改造，出台缙云爽面小作坊扶持政策，扎实推进缙云爽面的规范化生产。例如农户取得小作坊登记证并通过验收合格的，县里每户补助 5 000 元，搭建晾晒防蝇网的，每平方米补助 20 元。成立土面专业合作社，让农户抱成一团，设立爽面统一品牌和包装，实行标准化生产。目前，缙云全县有爽面合作社 9 家、小作坊 8 家、通过 SC 认证企业 4 家，为当地村民增收保驾护航。

重点依托农民学校开展爽面加工制作和烹饪技术培训，加大师资力量和硬件设施投入，在阳光房、卫生消毒等配置上下功夫，推进农民培训标准化、规范化、专业化。严格按照缙云爽面制作规程以及有关技能与质量标准，科学安排培训课程、编审培训教材，聘请知名师傅授课，教授学员掌握规范的土面制作工艺流程，培养了一批专业人才，现有高级缙云爽面师傅 20 人，中级缙云爽面师傅 42 人。

3. 塑品牌拓市场，打造乡愁产业

实施缙云爽面发展"十个一"行动计划，包括：成立一个农合联、建设一个培训中心、建成一个体验中心、建设一个配送中心、建设一个销售中心、建立一套生产标准、讲好一个故事、打响一个品牌、建设一个小麦种植示范基地、打造一个缙云爽面节，让爽面形成品牌，打出名头，缙云爽面先后获得"中餐特色小吃""浙江十大农家特色小吃"及"浙江名小吃"称号，3次荣获浙江省农博会优质农产品金奖等"重量级"荣誉。

投资建设集爽面文化展示、体验、品尝及培训于一体的缙云爽面博物馆，将民宿、餐饮结合其中，打造文旅一体化产业，既带动周边百姓致富，也推广缙云爽面让其名声大噪。同时，在爽面博物馆开设培训班，传授制作工艺，培训学习电子商务销售技巧，以此规范爽面环境治理，提高产品质量，打通传统经销模式，拓宽销售渠道。

成功注册国家地理标志证明商标，不仅为"缙云爽面"品牌建设和保护打下坚实基础，更是丰富了缙云爽面的业态，成为富民增收的一项朝阳产业。利用农博会、展销会、"电商+"或者"展会+"，做好品牌推广，进一步做大做强缙云爽面品牌，让缙云爽面的品牌深入人心。

精准对接市场需求，下大功夫精耕细作，通过线上和线下渠道把缙云爽面销售国内多个省份至欧洲多国，满足市场需求。2021年，缙云地区爽面产值已达到2.4亿元，从业人员达7 000多人，带动当地村民增收，真正把传统技艺打造成为乡村共富的产业。

缙云浙贝母——水稻轮作模式实现钱粮双丰收

药材优质　粮食丰产

　　浙贝母作为传统"浙八味"草本中药材之一，在丽水的种植可追溯到公元1672年以前，具有深厚的历史底蕴。随着时代的发展和环境的变化，缙云农民已探索出适宜当地的"浙贝母—水稻/玉米"种植模式，在稳定浙贝母产量的前提下，也促进了水稻生产。该种植模式的建立具有以下两方面的意义。

　　一是栽培制度成熟。多种作物轮套种的种植模式，在提高土地利用率的同时也极大提高了经济效益。缙云县专业技术人员开展的轮套种技术研究和试验示范，为缙云县的浙贝母轮套种技术提供了强有力的理论支持。"浙贝母—水稻/玉米"栽培模式的推广不仅减少使用肥料、农药，还能够显著提高浙贝母产量，实现一技多效的成果。此外，系统开展丽水区域内不同海拔条件下繁育浙贝母评估工作，有助于浙贝母在丽水不同区域内的种植提供技术指导。

　　二是发展前景可观。中药材类专业合作社的成立以及草本药材产业扶持政策的出台，极大提高了农民种植中药材的积极性，加快了中草药行业的发展。丽水各地环境条件均适宜浙贝母生长，常年种植面积4 000亩以上，加之栽培制度完善，因此，具有较大的发展潜力。随着品牌宣传力度的增加，浙贝母的发展前景十分可观。

◆ 一、基本情况

浙贝母是传统"浙八味"草本中药材之一，为多年生草本植物。浙江磐安到缙云的好溪流域，沿溪两岸形成了大面积的冲积土，适宜浙贝母生产，农民也积累了较丰富的生产经验，形成了千余公顷面积的可生产区域。公元 1672 年《缙云县志》就有记载浙贝母栽培。新中国成立后，缙云县更加重视中药材生产和开发利用，自 1957 年开始，县人民政府将中药材列入农业生产计划，1960 年 3 月成立国营药物种植场，1968—1970 年先后建立 3 个村级药物场，1971—1985 年先后确定浙贝母、元胡、白术、米仁、白芷、白芍、厚朴、杜仲、吴茱萸、山茱萸、栀子、桔梗等中药材专项生产基地。20 世纪 80 年代，在壶镇建立了中药材交易市场，带动了壶镇区各公社生产队种植生产浙贝母。近年来，缙云主产区农民千方百计寻求和探索浙贝母与其他作物轮套种栽培技术，涌现出"浙贝母—水稻"等多种轮套种种植新模式，实现了钱粮双丰收。

◆ 二、主要做法和成效

1. 建立机制，出台政策

缙云县农作物与种子管理站负责浙贝母水稻轮作生产技术研究和推广。成立以浙贝母为主要经营品种的中药材类专业合作社9个，培育10亩以上规模生产户12户，两者生产面积超1000亩；成立家庭农场3家，生产面积180亩，家庭农场（合作社）和大户的生产面积占全县药材面积的20%以上。出台《草本药材产业扶持政策》，每年安排100万元用于加快草本药材发展，重点支持鼓励规模化基地发展，强化加工研发，推进药旅发展、品牌宣传、主体培育等方面发展。

2. 推进产业发展

近年来，缙云全县浙贝母常年生产面积4000亩以上，一般鲜贝母亩产量1000 kg左右。2020年，缙云浙贝母生产面积4820亩，产值4369.33万元；2021年上升到5330亩，实现产值5273.77万元，面积和产值不断上升，占全市70%以上。随着社会发展和城市化建设需要，农业用地日益紧张，为提高土地利用率和增加有限土地单位面积经济效益，农业部门加大农作制度创新和实践，极力示范推广多熟制生产。近年来，缙云县农技部门开展了水旱轮作和粮经轮作模式试验，其中，浙贝母—水稻套种模式以简单易学、稳粮增效的特点在浙江缙云一带得到较大面积的推广应用。浙贝母的初加工已在全面推广应用机械化无硫烘干技术。浙贝母产业从种植、加工到消费的全过程，都是地地道道的绿色产业、绿色经济，具有较大的发展潜力与发展空间。

3. 推广绿色高效技术应用

浙贝母在 1 000 m 海拔以下排水良好、疏松肥沃的沙质壤土、土壤 pH 值为 5～7、温暖湿润、光照充足的山丘缓坡地或梯田均可种植。丽水各地的温、光、水资源条件均能满足浙贝母生产。缙云县专业技术人员开展了轮套种技术研究与试验示范,取得丰富的技术模式,并在《浙江农业科学》等期刊上发表多篇论文,有效指导了药农生产。多种作物轮套种,一方面,可平衡利用土壤养分和水分,改善土壤化学性状,提高土壤肥力,调节耕作层土壤物理性状和微生物状态,抑制和消灭杂草,使寄生性杂草种子发芽后没有寄主而死亡;另一方面,可减少肥料、农药的使用,降低生产成本,提高经济效益。相比于仅种植浙贝母的土壤,种植"浙贝母—水稻／玉米"的土壤中青枯菌数量明显下降,其他病原逐渐减少和消灭,蛴螬、灰霉病、菌核病等病虫害通过轮作,尤其是通过与水稻轮作,大大减轻了发生程度。此外,水稻、玉米、番薯等作物产生大量的秸秆,可作为浙贝母生产覆盖物,秸秆覆盖种植,发挥了防肥水流失和发挥保水作用,使得浙贝母产量明显提高。

4. 因地制宜,推进中高海拔区域发展

自 2016 年开始,丽水市中药材产业技术团队多名成员参与丽水中药材当家品种良种繁育的筛选及繁育技术研究,系统开展了丽水区域内不同海拔条件下繁育浙贝母种鳞茎的生长情况、产量、主效成分含量的评估等工作。研究发现,在 550～1 250 m 海拔条件下繁育的浙贝母种鳞茎品质显著高于低海拔条件下,为利用高山优势培育优质浙贝母种鳞茎方面积累了经验。结合丽水"九山半水半分田"的地貌特征,制订了丽水市地方标准《浙贝母种鳞茎高山繁育技术规程》(DB3311/T 181–2021)。该标准的制定将推动丽水利用本地的高海拔山地资源进行浙贝母高质量种鳞茎繁育技术的示范和推广。通过标准的示范推广,培养农民从种苗等源头提高中药材质量的科学种植理念,技术支持本地中药材种子种苗基地的建设,促进本地浙贝母量、质同步提升和浙贝母药材产业的健康持续发展。

松阳『粮经多熟制』让种粮有『钱途』

间套轮作方法多 增粮增收齐头进

随着人民生活水平的提高，"吃得饱"已不是问题，因而需求必定会向"吃得好"发展。松阳县探索"粮经多熟制"模式，让有限的土地通过间套轮作，种植多季作物，增加了粮食产出，又让广大种植户提高了收入，综合效益显著。尤其是在山区耕地资源相对紧缺的条件下，不失为粮食扩面增产的一条良好途径。

一是高效利用耕地资源。运用间套轮作模式，种植作物从一季增加到三季，实现了有限耕地资源的高效利用，大幅增加单位面积粮食产出，达到了保障粮食安全的目的。

二是做强产业增加收益。鲜食玉米、蚕豆、马铃薯等满足了城市消费者粮食品种多样性、丰富性的需求。通过不断改进技术，有效缓解了蚕豆与玉米生产季节的冲突，实现了蚕豆、玉米早上市，增强了市场竞争力，使其逐步扩大规模，成为当地特色产业。

三是节本增收效益叠加。间套轮作可以更好地利用光能、空间和时间资源提高产量，通过水旱轮作、秸秆还田等技术措施，可改良土壤，提高肥料利用率，减少投入，增加收益。同时，选择市场适销对路的品种，产值大幅增长，达到 $1+1 > 2$ 的效果。通过多种手段，大幅提高粮田综合效益。

◆ 一、基本情况

松阳县自然条件优越，有悠久的农耕历史，自古为处州（今丽水市）传统产粮县。21世纪以来，松阳县农业产业结构经历了战略性调整，粮食生产面临着严峻考验，效益低、面积下滑等问题突显。这种情况下，当地采取以市场为导向，大力发展以鲜食化品种为主的旱粮，优化种植结构，提高品质，提高商品化率，提高经济效益，取得了显著成效，为保持全县粮食播种面积稳定、保障粮食安全和促进农民增收发挥了重要作用。旱粮占松阳县粮食面积的比例大幅提高，形成了品种多样、布局科学、占比合理的良好格局。

"粮经多熟制"模式，是指采取间作套种为主，充分利用温光和土地资源，通过"蚕豆/春玉米—夏玉米—秋马铃薯（番薯）""鲜食蚕豆/春玉米—水稻"等模式，选用优良品种，采用高产优质和绿色防控等技术，实现粮食增产、增效、扩面，提高农田综合效益。

◆ 二、主要做法和成效

1. 间套轮作并行，增加粮食面积

"松古盆地粮经新三熟制技术"是松阳县比较成熟的一项重大农业科技成果，将发展区域优势经济与发展粮食生产有机结合在一起，成功地开发了鲜食蚕豌豆、鲜食玉米等产业，促进了粮经复种面积的提高，有力推

动了旱粮生产的发展。近年还开展了鲜食蚕豆／春玉米—夏玉米—秋马铃薯四熟制粮经结合循环种植模式示范，取得了亩产值1.06万元，亩纯收入0.81万元，农田复种指数达到350%以上，秸秆还田80%以上，达到土地用养结合、节本增效20%的成效。

2. 创新经营机制，提高种粮效益

建立服务组织。把培育和完善社会化服务体系作为推动粮食生产发展的一项重要举措来抓，着力培育粮食、农机、植保、农产品销售等专业服务组织。全县已累计发展粮食专业服务组织10家，为广大农户提供粮食耕种、统防统治、烘干、加工，农产品产销主体等服务。

开展订单销售。建立了老寨农、土根朴食等农产品产销专业合作组织，生产的土豆、玉米、番薯等通过农产品产销专业合作组织销售，价格比非订单收购价高出70%。通过订单销售，既有利于蚕豆、春玉米统一采摘标准，提高鲜荚质量档次，卖得好价格，又能保持较好的成熟度，提高产量。

3. 强化品种特色，推广良种良法

与健康饮食和消费趋势有机结合，大力挖掘鲜食旱粮的市场潜力。根据近年来市场销售趋势，有针对性地选择品质优、商品性好、抗性较强、产量高的良种，例如鲜食玉米良种浙糯玉10号、浙甜11，蚕豆良种日本大白蚕、慈溪大粒1号，马铃薯良种中薯3号、兴佳2号等。

坚持走良田、良制、良种、良法、良机综合配套的路子，建立县粮食高产高效技术研究和推广团队，重点加强种子种苗、农作制度、栽培管理、病虫防治、农机作业等技术联合攻关和协作，大力推广资源节约、环境友好、优质安全、高产高效种植模式和综合技术，促进资源节约集约利用和技术组装配套。

松阳『油豆全产业链』结出『黄金果』

油豆联姻　老产业迎来第二春

　　时代的发展未必就是传统的末路。石仓油豆腐的复兴之路为我们带来了很好的启示。

　　一是推进传统产业的现代化转型。石仓油豆腐是自给自足时代的产物，往往"家家有一本经"，家家有一个"标准"。石仓油豆腐的发展，就经历了传统向现代转型的阵痛，尤其是加工方面，如何让传统工艺更科学、规范、可重复、可控制，符合现行标准，众多工坊业主都做了很大努力。

　　二是把握适度规模经营。基地有多大，能产出多少大豆，工坊有多大，能生产多少产品，企业能销售多少产品，要达到一定的平衡，这就是度。石仓油豆腐工坊大都规模不大，但在度方面把握得很好，每年那点钱赚得稳稳当当。

　　三是主抓线上营销。一些企业线上销售已经远远超过本地，而且形成了相对固定的消费群。一些地方特色农产品往往会出现"墙内开花墙外香"，本地生产经营户多，价格竞争激烈，容易产生"内卷"，也是自然的事。

　　四是强化农旅融合。农旅融合有效促进了产品销售，尤其是像油豆腐这样不耐储运的产品，能让游客直接体验、当地消费、随身带走当然是最理想的方式。

　　五是带动村民致富。当地村民把农田使用权流转给企业，并参加基地、工坊劳动拿工资，在家门口就可以得到可观的收入。

◆ 一、基本情况

松阳作为传统农业大县，农耕历史悠久，同时传承了丰富的农产品加工工艺。县域内多地豆腐及油豆腐都有一定知名度，石仓豆腐及油豆腐尤负盛名。石仓位于浙江省松阳县大东坝镇，是石仓源多个村落的统称。先祖来自福建上杭、长汀等地，至今村民还说闽语，保留着客家风俗习惯。油豆腐是传统客家美食，也是大东坝镇传统产业。石仓油豆腐以其工艺独特，产品品质优良而远近闻名，深受消费者喜爱。

由于豆腐及油豆腐不易储存和长途运输，导致该产业长期以来都只能满足区域内的小市场，难以打开局面，严重制约了产业发展。近年来，当地致力于打造"油豆全产业链"，建立油菜—大豆种植基地，积极引导主体从事油豆腐加工营销，注重产品研发和深化运营，产品远销全国各地，取得了良好的经济效益，在发展粮食生产、提高种粮效益的同时，带动了经济发展、农民致富和乡村振兴。同时，也使石仓油豆腐这一"乡愁"农产品重新焕发出勃勃生机，它也因此成了当地村民的"黄金果"。

◆ 二、主要做法和成效

1. 提升传统产业，强化标准建设

石仓当地素有种植大豆的传统，品种一直沿用土种的矮脚大豆，家家户户都种大豆、做豆腐。近年来，涌现出一批农业规模经营主体，大都采用油菜—大豆种植模式。通过适度规模经营，实现品种、生产管理、质量控制以及产品加工包装全程的标准化，使石仓油豆腐产品质量得到了保障和提升。在浙江省农业科学院等单位的指导下，引进了浙秋5号、浙鲜84等高产、高蛋白品种，2020年，籽粒秋大豆最高亩产213.1 kg，获得浙江农业之最籽粒大豆最高亩产纪录（新创）；籽粒秋大豆百亩示范方亩产195.33 kg，获得浙江农业之最籽粒大豆最高百亩方亩产纪录（新创）。同时，致力于新工艺结合新品种的高蛋白特性的产品研发，生产出了口感、风味更佳的油豆腐产品，逐步推开了市场。

采用油菜—大豆种植模式，充分发挥十字花科与豆科作物不同需肥特性，兼顾用地、养地。菜籽油用于加工油豆腐，榨油后的菜籽饼、加工产生的部分豆渣、秸秆都是优质的有机肥，实现肥药双减。该生产模式2021年列入丽水市"对标欧盟、肥药双控"十大经典模式。

2. 建立合作机制，带动农户增收

农业要做大做强，必须走适度规模生产经营之路。当地农业主体纷纷向农户流转土地，发展大豆种植基地，有的则采取"企业＋农户"的合作方式，与农户签订协议，在种植前就约定好包收价格。随着油豆腐的旺销，当地生产的大豆也水涨船高，单价超过 8 元 /kg，种植大豆的产值也由原来每亩 1 000 元提高到 1 600 元左右，这使得村民的生产积极性大为提高。豆腐工坊也吸纳了很多劳动力，不少农户在家门口就能赚到工资。

3. 力推多元营销，提高产品溢价

为树立良好品牌形象，很多主体开展包装袋、手提袋等外观设计，申请了专利，注册了"水墨石仓""水墨西施"等数十个商标；有的主体在县城开设以油豆腐为主的土特产直营店；有的主体与超市合作；有的还依托微信、抖音、网店等渠道加强线上推广，产品受到四方客商和广大消费者的喜爱，时常供不应求。石仓油豆腐已走向了北京、上海、江苏、广东、河北、内蒙古，走向了全国各地。

当地积极推进农业与旅游、文化、生态等产业深度融合，围绕"江南客乡　水墨石仓"的区域定位，在整合本地民宿、农家乐、特色农产品等资源的同时，积极开展大东坝旅游推广宣传，通过各种措施推进当地旅游业发展，同时，大幅促进了石仓油豆腐等当地特色产品的销售。石仓豆腐工坊植入了众多可供游客体验的内容。每逢节假日都有很多旅客来豆腐工坊打卡，一些小朋友更喜欢磨豆子、煮豆浆、炸豆腐等体验活动。春天，这里大面积的油菜花也吸引了四方游客前来观赏。2020 年，油豆腐比上年产量提高了 43%，市场均价增长 30%，销售收入增长 160 万元。

松阳水稻『双强』让种粮不再『看天吃饭』

打破瓶颈制约 实现『一田多收』

　　农为邦本，本固邦宁。粮食产业一直是国家关注的重中之重，松阳积极探索水稻"双强"模式，大力发展粮食生产先进科学技术应用和农业机械化，不仅让种田成本低了、效率高了，也实现了粮食丰产、农民丰收，最大程度帮助更多农民实现共富。此模式主要有以下3个方面的重要意义。

　　一是降低农业生产成本。通过集中连片经营，优选经营主体，整合各种涉农资源，促进农村土地资源优化配置，提高了机械化和规模化水平，很大程度上降低了农业生产成本，助推粮食生产面积和总量"双增长"，农业增加值稳步提高。

　　二是提高稻田综合效益。充分发挥资源禀赋优势，根据前后茬作物选择种植双季稻、再生稻等，应用稻—菜、稻—菌（耳）、稻—虾等多种轮作模式，让松阳田野从单一种植转变为复合产出，实现"一田多收"，稻田综合效益大大提高。

　　三是保障粮食生产安全。紧盯人均耕地不足、粮食生产先进科学技术应用和农业机械化受到制约等问题，探索水稻"双强"模式，将其作为保障粮食安全的重要举措抓实抓牢，提升了粮食生产能力，夯实了粮食生产基础，振兴了乡村经济，走出了一条可持续发展之路。

◇ 一、基本情况

松阳县为浙江省种植业重点县和畜牧业重点县，自古就流传"松阳熟，处州足"的民谣，有"处州粮仓"的美誉。近年来，松阳围绕提高粮食综合生产能力，深入实施"藏粮于地、藏粮于技"战略，通过政府推动、政策拉动、流转驱动、示范带动、服务促动等措施，促成了粮食生产平稳发展。

由于松阳人均耕地不足1亩，造成"千家万户"型的农业生产经营模式，制约了粮食生产先进科学技术应用和农业机械化发展，严重影响提质增效。为此，当地积极推进土地经营权流转，积极开展"双强"行动，大力推广粮食生产先进技术，提高机械化水平，推动农艺与农机装备相融合，取得了良好成效。以单季稻为例，一般水稻亩产600 kg，以国家收购单价（含订单奖励）3.2元/kg计算，亩产值1 920元，扣除各种生产资料、人工等费用，净利润600元/亩。

松阳水稻"双强"模式，是指通过农田大面积统一管理，选用水稻优良品种，采用高产优质和绿色防控等技术，通过水稻生产全程机械化，大幅减少人工和农资投入，实现水稻增产、提质、增效，并采用多种粮经轮作模式，提高稻田综合效益。

◆ 二、主要做法和成效

1. 集中连片经营，优选经营主体

松阳水稻"双强"模式要求交付流转的耕地相对集中连片，水源充足，排灌方便，水质良好，交通便利，便于机械化耕作。"非粮化"整治优化后的土地采取农户流转到乡镇强村公司，由乡镇强村公司统一流转到县乡村振兴服务集团，再由县乡村振兴服务集团分乡镇（街道）、分区块承包给生产经营主体。同时，对不符合条件的耕地进行改造，结合松古平原水系综合治理工程，开展机械化改造、灾毁农田修复、绿色农田建设等项目，完善农田水利、交通条件，为水稻高产优质打下良好基础。

松阳县乡村振兴服务集团有限公司结合实际情况，优选各类农业生产主体进行签约。一是引进实力较强的浙江省内农业生产经营主体，例如浙江红专粮油有限公司、绍兴郡郡餐饮管理有限公司、杭州品秋农业开发有限公司等。

二是鼓励本县农业生产经营者、当地村民加入，如松阳县合力家庭农场、松阳县松荫庐农业发展有限公司等。

三是允许乡镇强村公司、村集体自主经营。承包主体类型多样，有长年从事水稻生产的企业，也有从事农产品流通、兼事蔬菜生产的企业，但须在当地农业部门指导下开展生产，将粮食生产列入重点。

2. 做强服务能力，提升科技水平

紧扣"双强"项目，松阳建设 5 个水稻育秧、机插、病虫防治、收割、烘干、加工全程服务功能的农事服务中心，做到县域全覆盖，科学布局，使农事服务中心的能力与区块生产规模相匹配。依托自身地理优势和先进技术装备，松阳不断提升科技水平，为全县水稻种植发展注入了源动力。

一是选择优良品种。根据耕地条件、种植模式、产品定位等选择适宜品种。早稻品种有中早 39、中组 18 等，晚稻品种有甬优 1 540、泰两优 1 332 等；单季稻高产品种有甬优系列，优质品种有华浙优 261、中浙优 8 号等；稻渔模式则选甬优系列、嘉丰优 2 号等抗倒性强的品种。

二是聚焦关键技术。着力推广水稻精准播种机插、"两壮两高"、优质稻产加销一体化关键技术，打造农艺农机融合示范基地，开展水稻绿色高产示范创建、水稻品种展示示范等，提高水稻种植单产水平和综合效益。

3. 丰富种植模式，打造优质品牌

在种植水稻的基础上，松阳发展稻菜、稻菌（耳）、稻渔等多种粮经轮作模式，提高综合效益。稻菜模式有水稻田种植西兰花、花椰菜、甘蓝、西瓜、鲜食大豆等；稻粮（油）模式有水稻田种植油菜、小麦、豌豆、蚕豆等；稻菌模式为水稻田种植木耳、香菇等，有效提高了水稻种植综合效益。

依托浙江丽水"好稻米"评比活动，打造优质稻米品牌，如"望祀山米""善谷松州""老旭"等；依托本地稻米加工企业，发展产销融合，优质稻米价格达到 6 ～ 10 元 /kg，生态大米单价 20 ～ 24 元 /kg，最高达到 40 元 /kg。随着优质稻品种的推广，种植、种养模式的结合，虾稻米、稻鱼米等新型优质稻米将助力松阳稻米品牌的迭代升级。

庆元『稻鸭共生』走出一田双收新『稻』路

省肥少药增品质 以鸭代役添效益

稻鸭共生近年来得到一些种粮大户的青睐，主要原因是不仅在生产上得到了减肥减药降低成本的益处，更重要的是通过生产方式的改变，探索了一条生态价值转换的有效途径。以稻鸭生产方式提升稻米的品质与形象，并在销售端实现优质优价，得到丰厚的回报，形成良性循环。

一是减肥减药降成本。1只鸭子在稻田活动期间，共可产生10 kg左右的鸭粪等排泄物直接施于稻田中，可实现节省化学肥料30%～50%；鸭子每日穿梭于稻丛寻虫觅食，基本替代了药物杀虫的效果，可以节省绝大部分的农药使用。

二是免费管理省人工。稻鸭共生的水浆管理讲究浅水层保持，利于鸭子在稻丛间活动，实现浑水肥田、自然耘田，既利用鸭子除去稻田间的杂草，也得到了"免费"的"人工"在田间日日耘田。按近期人工价格计算，实施稻鸭共生后每亩水稻可节省人工费用100元左右。

三是提质增效见效益。稻鸭共生在水稻田间构建了良好的自然生态系统，其稻谷产品更容易达到生态绿色和有机的要求，所生产的稻谷饱满度高、色泽鲜亮、口感风味更佳，赋予优质稻米的含义与品质，在稻米效益上实现了飞跃。

◈ 一、基本情况

稻鸭共生也可称为"稻鸭农法",是根据水稻各生育期的特点、病虫害发生规律、役用鸭的生活习性以及稻田饲料生物的消长规律四者有机结合起来的一种种养结合技术体系。

2014年以来,庆元市稻鸭共生模式持续发展,面积逐年扩大。截至2021年,稻鸭共生面积达5 700余亩,成为稻田生态种养模式的主要内容之一。除缙云等麻鸭原生地区,龙泉、庆元等地也随着优质稻发展的需要而增加应用,其中,庆元光泽家庭农场利用田块区位特点独创了无须围栏等设施的自然放养法和"水稻+两季鸭"的高效生产模式,实现稻鸭双丰收。

◆ 二、主要做法和成效

1. 聚焦优质化、规模化，多方效益显著

一是加强政策支持。以种粮大户为基础，充分发挥政策效应，走适度规模经营路线。50 亩以上水稻连片种植，省级规模种粮补贴 120 元/亩，县级财政配套地方种粮补贴可以达到 200 元/亩，大幅降低种粮成本。

二是实现绿色生产。稻田的生态孕育了生态的"野鸭"，几乎无喂养生长于连片稻田中，每亩 20～30 只，一个规模户可以养殖 1 500 只以上，减少鸭饲料和病害防治成本；同时，鸭子除草、除虫，提供有机肥，为水稻生长提供优良条件，减少了农药化肥投入，与单纯种植水稻相比，免用除草剂，不打农药，减少施肥 30%～50%，减少生产成本 150～200 元/亩，经济、生态、社会效益显著。

2. 提升包装打造品质，实现效益翻番

改变传统鸭子销售模式，从销售活鸭为主转变为提供挑选+宰杀服务，提供净鸭满足消费者需求；提升包装，将真空包装引入鸭子包装中，实现快递运输，走向全国；打造品牌"稻田鸭"，因其仿野生养殖，活动量大，鸭肉质鲜美。经过一系列的转变，稻田鸭由原来的 35 元/只提升至 68～98 元/只，每亩 30 只鸭子产值 2 000～3 000 元，实现了翻番增长。

3. 绿色发展全程溯源，走"好稻米"路线

一是基地全程溯源，向消费者提供透明的生产流程。结合数字农业、双强农业和示范性家庭农场等项目，建立基地溯源，实时展示生产环境。

二是保障农场每一项产品售出均代码出售，实现溯源，提高消费者的认可度。

三是依托"好稻米"平台，销售稻鸭米、优质米。目前，稻鸭米获得省（市）好稻米金奖 5 个，占比 30%，平均产量 450 kg/亩，稻米均价 5 元/kg，产值 2 600 元/亩。

遂昌杂交稻制种业走出强农富民「新路子」

种地『有钱途』 收成『有保障』 农活『有乐趣』

一是有政治意义。种业是国家战略性、基础性核心产业，也是"芯片"产业。习近平总书记多次对种业作出指示，2022年在海南省考察调研时强调，"种子是我国粮食安全的关键，只有用自己的手攥紧中国种子，才能端稳中国饭碗，才能实现粮食安全"。在新时代的历史关口，国家粮食安全面临严重挑战，"非农化""非粮化"、粮食增产保供任务艰巨，遂昌县因地制宜培优品种，上下齐心重抓种业，具有保障粮食安全和改善民生的政治意义。

二是有现实需求。遂昌土地条件差，山地丘陵多，耕地集中连片少，道路交通不便，农业机械化程度低，特别是粮食产业，大型机械进不去、小型机械不适宜，以传统人工劳作为主，人工成本、农资成本年年攀升，种粮基本无利可图，农民增收后劲不足，急需创新推广良种良法、良机良技。杂交稻制种＋四季豆（菜）轮作模式成熟，经济效益明显，亩纯收入4 500～6 300元，是农民选择的长久之路。

三是有蓬勃力量。经过多年发展，遂昌杂交稻制种业走出了一条以良种选育和推广强农富民的"新路子"。迈进新征程，遂昌又有了自己的新蓝图——争创国家良种繁育县，打造集杂交水稻科研示范、农业观光、农事体验、种子民宿以及种业知识科普、种业文化弘扬为一体的特色农业，在制种业的影响和拓展下，路子必将走得越来越宽、越来越广。

◇◆ 一、基本情况

遂昌地处浙西南偏远山区，拥有浙江省最大的杂交籼稻制种基地，是浙江、福建、江西等多个省份的核心供种基地，是无数农民丰收的保障，2021 年被认定为浙江省 4 个良种繁育基地县之一。

多年来，遂昌县政府与中国水稻研究所和浙江勿忘农种业股份有限公司紧密合作，形成了"公司 + 基地 + 农户 + 科研"的模式，建立了一支"公司 + 乡镇 + 村"三级架构的制种辅导员队伍，培育推广了"中浙优""华浙优"等系列杂交稻优质品种。通过集中连片规划杂交稻种子繁育生产基地、推出"粮农贷"、研发"一杆农业眼"、实施"机器换人"专项行动等创新做法，进一步强化政策扶持和风险管控，走出了一条以良种选育和推广强农富民的"新路子"。每年制种面积 1.2 万亩，年产杂交稻种子 150 万 kg，产值近 4 000 万元，杂交稻制种成为农民增收致富的主要产业之一。

◆ 二、主要做法和成效

1. 种地"有钱途"，农民收入节节高

一是久久为功的定力。早在 1976 年，遂昌人民就已经充分认识到独特的气候条件、优越的生态环境、自然的屏障隔离是最好的资源禀赋，毅然选择了从事杂交稻制种产业，种下这株富有生命力的秧苗，结出了一颗颗"金种子"。杂交水稻制种平均亩产 130 kg 种子，按 25 元 /kg 计算，平均亩产值 3 250 元，是单季晚稻产值的 1 倍。

遂昌县"上接天线、下接地气"，保障种子质量安全，引进权威专家程式华等一批科研人员，开展"师带徒"式服务，建立了一支由 40 多人组成的制种辅导员队伍，常年奔波于田间地头，遂昌培育推广的"中浙优""华浙优"成了"浙江好稻米"的"常胜将军"，水稻产量同时处于第一梯队。

二是另辟蹊径的勇气。将闲置零散的土地进行统一流转经营。2019 年，遂昌县入股浙江勿忘农种业股份有限公司，采取"公司＋乡镇＋村"三级架构，为制种户提供植保检疫、质量监管、技术培训等"保姆式"服务。"制种如何制？制出来的种子谁来收？收上来的成品能卖出去吗？"这些农户们担心的问题，都由勿忘农遂昌分公司负责解决。为充分利用当地温光资源，遂昌积极探索制种区稻田栽培种植新模式，开展"四季豆—杂交水稻制种模式"试验示范，亩产值可达 9 250 ～ 11 050 元，亩纯

收入 4 500 ～ 6 300 元，经济效益明显。为补上杂交稻制种母本机模插秧短板，果断研发定制新型插秧机，有效降低人工成本，促进规模制种水平，全县制种户 996 户，其中，规模 30 亩以上的大户占了 65%。

2. 收成"有保障"，政策支持解后忧

一是保险来兜底。都说"农民的命运攥在老天爷手上"，"靠天吃饭"是农业的普遍现象。2019 年，杂交水稻制种被纳入浙江省政策性农业保险，每亩每年保费 220 元，最高获赔 2 200 元，遂昌县政府承担 93%，累计支付保费 232.79 万元，承保面积 11 378 亩，农户所需承担的 7% 保费则由浙江勿忘农遂昌分公司全部承担，制种户们一分钱也不用掏，便可享受全额专项保险福利。2020 年，受台风和雨水等自然灾害的影响，导致新路湾粮食大面积减产，有了农业保险兜底，累计为 414 户农户挽回经济损失 236.89 万元，把损失降到了最低。

二是银行来支持。为了让农户不为资金周转发愁，遂昌创新推出"粮农贷"产品，给制种户们吃下"定心丸"，贷款额度每亩 2 000 元，农户可通过线上线下相结合的方式申请贷款。相比其他惠农贷款，"粮农贷"执行央行贷款市场报价利率（LPR），免担保、无抵押，手续简易，放款速度快，极大程度降低了农户的融资成本，提高了农民制种的积极性。截至目前，遂昌已累计发放"粮农贷"478 万元，惠及粮食种植户 36 户。

三是政府来补贴。为进一步激发粮农种粮意愿，遂昌先后出台《遂昌县发展健康农业政策》《种业特色强镇产业扶持政策》等惠农政策，给予农户 2 元 /kg 的订单良种奖励，为制种户们打了一针"强心剂"。同时，以"浙农码"为载体，对接遂昌县在浙江省首创的"绿色惠农卡"服务平台，凡是通过"绿色惠农生态码"购买农资的农户都会得到不同比例的补贴。截至目前，遂昌累计拨入粮农补贴资金 5 732.96 万元，农户累计享受补贴 4 712.14 万元。

3. 农活"有乐趣"，智慧农业帮大忙

一是观察判断不下田。遂昌县为制种户们送上"新朋友"——"一杆农业眼"，实时监测区域内光照强度、空气温湿度、气压等数据，结合气象指标精准分析，实现生长环境整体预判，指导农户及时进行农事干预，保证作物始终处于正常生长态势。与此同时，远在杭州的专家，也可以实时共享查看制种田里水稻的生长状态。过去农民要经常下田里观察水稻情况，但现在他们可以直接通过"一杆农业眼"的手机 App 监测自家水稻情况，省了很多力气。

二是购入卖出不到场。当"信息化"成为"新农资"，不仅将农民从传统的农事中解放了出来，也让越来越多的年轻人选择"守拙归田园"，成为"新型农民"，他们只要在网上下单，便可坐等农药、化肥等农资产品到家，杂交种子一收获就由公司上门采购。

三是农事农耕不单一。大力推广杂交水稻制种机器换人，在移栽插种、保值收获等方面大量使用机器，极大减轻了劳动力，增加了效益。同时，制种文化在这座小城遍地开花。在蕉川村的千亩稻田中央，穿村而过的马路旁设立了种业文化 50 m 长廊；潘家大屋被改建成种业文化展陈馆，集中展示新路湾传统种业文化、传统制种农机具等农耕文化；每逢"丰收节"等农庆活动，村民们纷纷拿出自家土特产进行售卖，农业与旅游得到了进一步融合。

丽水甜玉米『鲜销鲜食』铺就群众致富路

◆ 玉米结出『黄金棒』 旱粮鲜食增效益

◎ 专家点评

丽水市根据市场需求，在不同季节种植不同品种的甜玉米，不仅经济效益高，且与水稻轮作改变种植结构既能改善土壤理化性状，促进有益微生物活动，还能减少病虫草害，提高地力，减肥减药增效。

一是立足市场，卖出新鲜效益。丽水市甜玉米品种丰富，有水果型、蒸煮型和花青素高的紫色品种，供货周期从5月到11月中旬，市场集聚效益好。

二是因地制宜，打造价格优势。早春季节利用设施集中育苗，发挥浙南升温快优势，利用小拱棚＋地膜双膜种植，实现2月种、5月收，促早上市优势的好价格；夏季利用高山优势，填补平原高温区玉米"空档期"，实现优质高价。

三是双重发力，保障生产稳定。政策引导规模化种植，科技引导品种、技术和栽培模式的示范推广，保障生产安全、供货稳定和技术更新。

◆ 一、基本情况

甜玉米营养价值丰富，富含葡萄糖、蔗糖、果糖、蛋白质、粗脂肪、膳食纤维和核黄素等营养物质。而且，甜玉米适口性好，集中了水果、蔬菜、全颗粒谷物的诸多优点，因其具有香、甜、糯、脆、嫩等风味特色广受消费者欢迎，市场需求持续扩大，是兼具休闲与保健功能的健康食品。

丽水地处浙西南，气候温暖湿润，雨量充沛，四季分明，适宜种植多季鲜食玉米，例如春玉米、秋玉米及高海拔地区的夏玉米。鲜食甜玉米普通露地栽培生育期在 85 d 左右，以春玉米栽培可搭配单季稻进行水旱轮作、以秋玉米栽培可以实施春季蔬菜 + 秋玉米的粮经轮作模式，高海拔地区适合在 6—8 月实施夏玉米生产，利用平原生产的空档期提供新鲜优质的绿色产品，大幅度提升经济效益。

当前，甜玉米作为丽水市的主要粮食作物，种植面积仅次于水稻和大豆，播种面积从 2010 年的 10.39 万亩持续增加到 2021 年的 14.7 万亩，是唯一多年保持面积增长的粮食作物，每年产生效益近 4 亿元。

◆◆ 二、主要做法和成效

1. 政策扶持，确保落地见效

各县（市、区）出台扶持政策支持玉米等粮食作物规模化发展。对集中连片种植 50 亩以上玉米等旱粮种植主体给予补贴 120 ～ 350 元 / 亩；开展省级粮食高产创建，对百亩玉米绿色高产示范方给予种子种苗、农资等补贴。同时，通过粮食生产功能区提标改造、高标田建设等项目，改善田间道路、水渠，提升玉米等粮食生产基地的基础设施水平。

2. 加强指导，推广高新技术

丽水市通过与浙江省农业科学院东阳玉米研究所建立合作关系，在品种引进推广及技术的培训等方面进行了专业指导。近年来，通过新品种推广、玉米高产创建等方式建立基地、做好示范，形成"做给农民看，带着农民干，辐射周边学"的农技推广模式，带动玉米新品种、新技术的推广，调动周边农户种植粮食的积极性，引进了一批优良甜玉米品种，如雪甜 7401、浙甜 20、浙甜 11 和部分紫色甜玉米等，让农民腰包更鼓。推广玉米穴盘集中育秧技术、地膜覆盖促早栽技术，覆盖率达到 80%。近 5 年召开玉米品种观摩、技术展示等现场观摩和培训活动 20 余场 500 多人次，展示品种 40 余个，丽水郎奇农家乐农产品专业合作社、庆元黄田玉米基地等合作社（基地）通过为散户提供集中育苗，年提供玉米苗 3 000 余亩。

3. 紧盯市场，抓好产销衔接

丽水市农户根据市场需求种植春玉米、夏玉米、秋玉米，农产品销售收购市场遍布全市各乡镇、村庄，为农产品收购提供了便利，也保障了产品的新鲜度。由于本地甜玉米种植面积大、品质好，吸引各地客商纷纷来丽水采购。丽水市生产甜玉米超 14 万 t/年，大量销往杭州、上海、苏州、宁波等地，大部分实现当日到达。

4. 创新模式，拓宽增收渠道

丽水市传统的种植模式以水稻为主，通过推广玉米—水稻轮作栽培模式、玉米—蔬菜粮经轮作模式、玉米—大豆间作套种模式，改善了土壤团粒结构，降低了土壤盐分含量，也降低了作物病虫害发生率，有效减少了农药的使用。增加种植一季粮食作物或者经济作物提高了土地利用率，而且，玉米秸秆还田可增加土壤有机质，为后茬打下肥力基础；玉米秸秆通过回收可作为牛羊青饲料或打包作青贮处理，已成为当地湖羊养殖重要饲料。

同时，部分地区还通过注册商标、设计精美包装提高本地产品的知名度，增加玉米的附加值，将产品推广到各大超市。例如丽水郎奇农家乐农产品专业合作社注册"Hi 包啰"商标，通过网上＋线下销售模式，每棒玉米可卖至 10 元；遂昌濂竹镇依托遂昌金矿名气，开展线上直播，春夏甜玉米"雪甜 7 401"通过快递卖向了 48 h 快递覆盖区；云和紧水滩镇与浙江省交通集团对接合作，种植订单玉米，打通共同富裕"最后一公里"，让山区村民的日子越过越红火。

第二部分
模式技术篇

丽水市『好稻米』产加销一体化模式

◆ 一、基本情况

　　丽水市为中国生态第一市，环境优美，稻米主要生产区域分布在山区、半山区，海拔梯度 100 ～ 1 200 m，水田依水而筑、傍村邻林，以稻渔共生、水旱轮作为重要种植模式，通过绿色生产技术实现"肥药双减"，精选单季稻优质品种，融合传统农耕、农艺与现代化生产技术，产出颗粒饱满、色泽光亮、晶莹剔透、米香悠长的"丽水好稻米"。

　　丽水水稻面积约 52 万亩，平均单产 506.1 kg，规模化优质稻米生产 3.9 万亩。近年来，积极探索发展稻米产加销一体化，全市共培育品牌 38 个，实现年产优质稻谷 3 365 t，以 6 ～ 10 元 /kg 销售优质米 2 240 t。

◆ 二、产量效益

优质稻单季水稻亩产550 kg，稻谷售价3.6～4元/kg，亩产值1 980～2 200元，扣除生产成本1 500元，亩效益480～700元。通过发展稻米产加销一体化模式，将稻谷加工为稻米销售，亩产稻谷550 kg，加工后产出稻米330 kg，售价8元/kg，亩产值2 640元，亩副产物产值450元，扣除生产、加工、包装成本1 950元，亩净收益1 140元。

◆ 三、茬口安排

科学确定适宜播种时期，以最适宜的抽穗后 30 d 日均温在 23～25℃为原则，避免灌浆期高温。高海拔地区，4 月上中旬育秧；中低海拔地区，5 月上旬至 5 月下旬育秧。收获期为 9 月下旬至 10 月中旬。

◆ 四、关键技术

1. 产地环境

产地海拔优先选择在 300～700 m，应排灌方便，土层深厚，土壤有机质含量高。

2. 栽培技术

（1）品种选择　根据种植区域的土壤特征、地理环境、海拔高低、水利条件以及气候规律，选择适宜种植模式和品种以发挥品种的最大优势。中高海拔区域选择中浙优 8 号、华浙优 223、泰两优 1 332、泰两优 217 等品种；中低海拔区域选择中浙优 8 号、甬优 15、甬优 17、嘉丰优 2 号等品种；水利条件较差区域可以选择旱优 73 等优质节水抗旱稻，还可以选择玉针香、象牙香占等特殊型常规稻品种。

（2）培育壮秧，适时移栽　苗床要求排水良好，土壤肥沃疏松。播种前晒种 1～2 d，去杂过筛后用咯菌腈、精甲霜灵、噁霉灵及其复配剂或多菌灵按说明浓度浸种消毒 12～15 h，捞出洗净后催芽至露白。机插田选择叠盘暗出苗育秧技术，手插田选择半旱育秧技术，秧田保持盘面湿润不发白，秧板湿润；晴天中午若出现卷叶要薄水护苗（机插秧水不能上盘面），防止青枯；雨天放干沟水。忌长期深水灌溉，造成烂根、烂秧。移栽前 3～5 d 防治 1 次稻瘟病、纹枯病、细菌性茎基腐病、稻飞虱、螟虫等病虫害。根据海拔安排好时间茬口，保障安全齐穗期，同时避开灌浆期高温时节，海拔 300～500 m 宜在 6 月 10—20 日移栽，海拔 500～700 m 宜在 5 月 20 日至 6 月 5 日移栽。

（3）病虫草害管理　以"预防为主，综合防治"为原则，运用农业、物理、生物防治为重点的综合防治策略。农药使用应符合《绿色食品　农药使用准则》（NY/T 393—2020）的规定。选择生物源农药或高效、低毒、低残留的化学农药，注意农药间的交替和合理混合使用。田边种植芝麻、黄秋菊等显花植物以保护和利用天敌、种植香根草诱杀螟虫；化学防治时选用对天敌杀伤力小的低毒性化学农药；选择稻鱼、稻鸭、稻鳖等种养结合模式；关键做好稻瘟病、稻曲病、细菌性条斑病和白叶枯病的防治。

（4）水肥管理　肥料使用应符合 A 级绿色食品生产施用的肥料种类规定。宜以"少用氮肥，多用有机肥，增施磷钾肥，重施底肥，早施分蘖肥"为原则。孕穗后不施氮肥。施肥总量以每亩目标产量 500 kg 计算，$N : P_2O_5 : K_2O$ 比例为 2 :（0.8 ～ 1）: 3，确定总施氮量约 10 kg，总施磷量 4 ～ 5 kg，总施钾量 10 ～ 15 kg。机插苗，浅水层 3 ～ 4 cm，保持 3 ～ 5 d 返青；手插苗，水层 5 ～ 8 cm，保持 2 ～ 3 d 返青。进入分蘖期，保持浅水 3 ～ 5 cm 勤灌促进低节位分蘖。群体数量达到预计有效穗数 80% 时排水搁田，在幼穗分化初期至抽穗扬花期结束期间灌浅水层。灌浆结实期间干湿间歇灌水，促进养根强秆，增强抗倒伏能力。收割前 5 ～ 7 d 断水，切忌过早。

3. 生产模式

综合应用稻鱼共生、稻鸭共育以及稻鳖、稻螺、稻虾、稻蟹等稻渔模式，减少肥料、农药的投入，提升稻米品质；通过水稻—玉米、蚕豆、蔬菜等水旱高效轮作模式，提高土壤质地，提升米质，实现粮食多熟增效。

中浙优8号
播种时间：5月11日
插秧时间：6月10日

4. 产后技术

（1）**适时收获，低温烘干**　在谷粒充分饱满、90%～95% 黄熟期时收获，应避开阴雨天收割。稻谷烘干温度控制在 38℃以下，脱水速度控制在每小时下降 0.8% 以内，将稻谷水分烘干至 13.5%～14.5%。

（2）**适度加工，低温仓储**　加工前做好稻谷清理、适度抛光，去除碎米、杂色米等异粒米。储存仓库要求清洁、干燥、防潮、防虫、防鼠、无异味、无毒害物质。仓储温度控制在 10～15℃，相对湿度控制在 65% 以下。

5. 产加销一体化

（1）**产品认证**　积极联系农业农村部等相关部门申请产地、产品绿色或有机认证，实现产量质量有背书，宣传有依据。

（2）**注重包装和宣传**　根据客户需求，设计 1 kg、2.5 kg、5 kg、10 kg 等不同规格包装。定价较高大米以 2.5 kg 以下真空包装为主，进入中高端市场；消费型为主稻米以 5 kg 和 10 kg 为主，可以真空包装也可以常规包装。营销宣传体现产地环境、稻鱼、稻鸭等特性亮点。

（3）**品牌化经营**　注册商标，打造品牌，树立品牌意识，地方可以区域化经营，将优质稻米品牌打响。

丽水市农作物总站　刘波　范飞军

丽水市稻渔共生模式

丽水是稻田养鱼的传统产业区，在保护和传承"稻鱼共生"文化遗产的同时积极探索模式创新，先后推出了具有丽水特色的"稻鳖共生""稻虾共生""稻蛙共生""稻螺共生""稻蟹共生"等系列"稻+渔"模式。采用共生模式可以做到种稻不施肥、不治虫，改善水质底质，减少鱼病发生，实现稳粮增收。全年亩均产粮450余kg，亩产值达到10 000余元，亩利润超5 000元。这些系列模式的推出，不但为农民增收开辟新路，而且使边远山区大量抛荒农田得到复种，稳粮增收的效果十分明显，年应用面积6 000余亩。

◆ 二、产量效益

据调查，"稻+渔"共生模式水稻平均亩产450 kg，亩产值1 800元，亩利润605元。其中，稻鳖共生模式，鳖亩产量76.5 kg，亩产值22 940元，亩利润17 959元，合计亩产值24 740元，亩利润18 564元；稻虾共生模式，小龙虾亩产量150 kg，亩产值9 000元，亩利润5 400元，合计亩产值10 800元，亩利润6 005元；稻蛙共生模式，蛙亩产量1 000 kg，亩产值50 000元，亩利润30 147元，合计亩产值51 800元，亩利润30 752元；稻螺共生模式，螺亩产量172 kg，亩产值10 300元，亩利润6 830元，合计亩产值12 100元，亩利润7 435元；稻蟹共生模式，蟹亩产量70 kg，亩产值8 400元，亩利润4 820元，合计亩产值10 200元，亩利润5 425元。

◆ 三、茬口安排

水稻在5月上中旬播种育秧，5月下旬移栽，10月下旬开始收割。

稻鳖共生模式：7月中旬以前投放大规格鳖种，翌年4月以后陆续起捕上市。

稻虾共生模式：第一年8月投放亲虾，或翌年3月投放虾苗。第一季捕捞上市时间为4月初至6月中旬，第二季为7月底至9月中旬。

稻蛙共生模式：第一年10—11月放种蛙，翌年4月把蝌蚪分养到各养殖单元。翌年9—10月至第三年5月为起捕上市期。

稻螺共生模式：3月下旬投放种螺，当年9—10月以捕大留小的方式起捕上市。

稻蟹共生模式：当年6—7月放养扣蟹，9月下旬至10月中旬起捕上市。

表　稻+渔共生模式产量效益分析

种类	产量（kg/亩）	产值（元/亩）	净利润（元/亩）
水稻	450	1 800	605
鳖	76.5	22 940	17 959
小龙虾	150	9 000	5 400
蛙	1 000	50 000	30 147
螺	172	10 300	6 830
蟹	70	8 400	4 820
稻鳖合计	—	24 740	18 564
稻虾合计	—	10 800	6 005
稻蛙合计	—	51 800	30 752
稻螺合计	—	12 100	7 435
稻蟹合计	—	10 200	5 425

表　稻+渔共生模式茬口安排

种类	播植（放养）期	收获期
水稻	5月中下旬至6月中旬机插	10月下旬
鳖	7月中旬以前	翌年4月以后
小龙虾	第一年8月投放亲虾，或翌年3月投放虾苗	4月初至6月中旬，7月底至9月中旬
蛙	第一年10—11月放种蛙，翌年4月投放蝌蚪	翌年9—10月至第三年5月
螺	3月下旬	9—10月
蟹	6—7月	9下旬至10月中旬

◆ 四、关键技术

1. 水稻生产管理

（1）田块选择 田块要求水源充足，水质良好，无污染，排灌方便，抗旱、防涝、保水、保肥能力要强，田埂高 50 cm、宽 30 cm 以上，坚固结实，不漏不垮，最好能够硬化。进水口和排水口要设在稻田斜对两端，内侧用竹帘、铁丝网等做好拦鱼栅，其上端高出田埂 30 ～ 40 cm，下端要埋入土中 20 cm 左右。拦鱼栅的孔径一般以能防止鱼类逃出和水流畅通为原则。在进水口或投饲点搭棚，预防鸟害。

（2）稻种选择 根据稻鱼共生的特点，结合当地气候和土壤条件，选择株型紧凑、抗病虫能力强和耐肥抗倒伏的高产杂交品种，如中浙优 1 号、甬优 9 号等。再生稻还要考虑品种生育期适合、再生能力强。

（3）消毒和施肥 每亩用生石灰 50 ～ 75 kg 消毒，并施用有机肥 500 ～ 750 kg、三元复合肥 30 kg，以基肥为主，一般不施追肥，鱼类粪便能满足水稻中后期生长需求。

（4）稀植 适当控制水稻种植密度，采用壮个体、小群体的栽培方法，移栽密度 30 cm×30 cm，每亩 0.7 万丛左右，单本移栽。

（5）病虫草防治 以综合防治为主。稻鱼共生一般没有草害，不用除草剂，而且能有效控制稻飞虱、螟虫、纹枯病发生，防治水稻病虫害关键在抽穗期。水稻防病治虫时，要加深田中水位并选用高效低毒农药，禁止使用水胺硫磷、菊酯类农药，使用过菊酯类农药的器具要先洗净后再用。

2. 鳖养殖管理

加固、加高田埂，每块田都要单独建防逃设施。3 月底，在田块鳖坑投放活螺蛳 75 kg / 亩，让其自然繁殖为鳖种提供天然活体饵料。稻田插秧 15 ~ 20 d 后每亩投放规格为 500 g/ 只的中华鳖鳖种 125 只，放养 20 d 后，按鳖体重 0.5% ~ 1% 的比例投喂专用膨化配合饲料，7 月下旬至 8 月下旬高温季节，投喂量适当增加，在温度降至 20℃ 以下不投喂饲料，而是喂一些南瓜、胡萝卜等瓜果蔬菜。水稻收割后，将水加满，让鳖在田中自然越冬，整个冬季，注意不能让水整体结成冰块，尤其是与鳖体接触面的泥土或者水体不能冰冻。翌年气温回暖后可适时起捕销售。

3. 小龙虾养殖管理

选择平整、集中连片的稻田为宜，稻田中要开挖虾沟，稻田最外围要建防逃网。每年 11 月至翌年 3 月完成水草种植，品种以伊乐藻为主，还有菹草、轮叶黑藻和苦草等。放种宜在上年 8 月按 3 : 1 的雌雄比例每亩投放亲虾 25 kg 左右让其自然繁殖，或当年 3 月水温达到 15℃ 以上时每亩投放 6 000 尾左右虾苗。虾苗阶段注重天然饵料培育，同时辅投配合饲料。5 月以后投喂豆饼、玉米、南瓜等青绿饲料，配合鱼粉、虾粉、螺粉、蛋蛹粉等动物饵料和配合饲料，日投饲量为存田虾重量的 2% ~ 8%，每天投喂 2 次，水温低于 12℃ 时可不投饵。第一季捕捞时间为 4 月初至 6 月中旬，第二季为 7 月底至 9 月中旬。

4. 蛙养殖管理

将稻田设计成多个并列的种养单元，每个种养单元约为 50 m×8 m 的长条形结构，四周用网为 10 ~ 20 目的无结聚乙烯网布安装 1.2 m 高的防逃网（田面上高度为 0.9 m），单元内部设置成长条形"沟垄式"结构，中间为沟，两边为垄，垄的外侧为摄食台。沟宽 60 cm，深 30 cm，用于养蛙；垄宽 2 m，垄背平整，用于栽种水稻；最外侧的摄食台宽 1.5 m，做成缓坡形，要高于垄背，以保证露出水面，该

摄食台既是蛙的摄食场所，也是越冬场所。上年黑斑蛙越冬前将选好的种蛙按 12 只 /m² 的密度和 1：1 的雌雄比例放养在种蛙养殖单元中。冬季进入冬眠，翌年 3 月初开始进食并逐步进入繁殖期。黑斑蛙产卵前在种蛙养殖单元的水沟中用水草、稻草搭建若干个产卵槽。将产出的卵块集中放到水沟的盛卵网中孵化，孵出的蝌蚪卵黄囊消失后开始投喂少量蛋黄，每天 1 ～ 2 次。1 周后以 250 只 /m² 的密度分养到各种单元中养殖。用粗蛋白为 40% 的粉状配合饲料投喂，每天投喂 2 ～ 3 次，直至蝌蚪变态停食。完成变态的幼蛙经过驯化可以摄食人工配合饲料。选用的饲料为粗蛋白含量 40% 以上的品牌优质颗粒饲料，采用四定投喂法，一般每天傍晚投喂 1 次，日投喂量为蛙总重量的 2% ～ 3%。9 月以后逐步分批捕捞上市。

5. 螺养殖管理

加固、加高田埂，3 月 20—25 日每亩投放规格为 60 ～ 80 只 /kg 的种螺 50 ～ 75 kg。种螺投放前 15 d，每亩稻田施腐熟后的稻草、农家有机肥和少量石灰粉（碳酸钙）混合的堆肥 250 kg 左右。种螺投放后，投喂 20% 豆饼、20% 麦麸、10% 玉米粉和 50% 米糠混合而成的配合饲料，也可用粗蛋白含量为 30% ～ 35% 的鲤鱼配合饲料，每周投放 2 次，每次投放量为田螺重量的 2%，每隔 1 个月追施堆肥 1 次，施用量为 50 ～ 75 kg/亩。养田螺时要严禁鸭子进入，也不宜放养青鱼、鲤鱼、罗非鱼、鲫鱼等鱼类，更要加强鼠害的防治。9 月当年产的第一批仔螺已经达到商品规格，在留足翌年种螺的情况下，以捕大留小的方式起捕上市，后期产的仔螺留在田中继续养殖。

6. 蟹养殖管理

加固、加高田埂，外围建防逃设施。每年 3 月，把伊乐藻的秧苗以 5 cm×5 cm 的密度插种到稻田中间预留的田沟中，6—7 月每亩放养规格为 160 只 /kg 的扣蟹 800 ～ 1 000 只。6—8 月是河蟹脱壳的旺季，食量大，投喂青料占 70% ～ 80%，青料主要是水草、浮萍、南瓜等。9—10 月是河蟹肥育期，以投喂黄豆、螺蛳等精料为主，提高成蟹的品质和越冬成活率。投饵要做到定点、定时、定质、定量。养殖期间应该注意防治纤毛虫，并要防止蛙、蛇、鼠等敌害生物进入。河蟹收捕一般与水稻收割同时进行。

丽水市水产技术推广站 吴燕琴 黄富友

青田县稻鱼共生模式

◈ 一、基本情况

青田稻鱼共生模式，是"以稻护鱼、以鱼促稻"将种稻和养鱼有机结合的稻田综合种养的典型生态农业模式。青田稻田养鱼历史悠久，早在1 200多年前，农民就在种植水稻的同时养殖鲤鱼，培育了具有地方特色的鱼种（俗称田鱼），创造了稻鱼共生种养技术，并形成了"尝新饭""祭祖祭神""青田鱼灯"等独具特色的稻鱼文化。2005年6月，浙江青田稻鱼共生系统被联合国粮农组织列为首批全球重要农业文化遗产（GIAHS），是中国第一个全球重要农业文化遗产。目前，全县稻鱼共生耕地面积5.5万亩，稻鱼共生模式的稻米产品多次荣获国家级和省市级"好稻米"评选金奖。

近年来，青田县通过稻鱼共生技术集成创新，形成了以"改进稻田基础设施，适控水稻种植密度，投放大规格鱼种，合理施肥投饵，逐步提升稻田水位，平衡健康种养"为核心的稻鱼共生高效生态种养模式，实现了鱼与米的共生共赢，走出一条"稳粮、养鱼、提质、增效、生态"的现代农业之路。

◆ 二、产量效益

根据水稻生产的不同生产模式，稻鱼共生有"单季稻鱼共生""再生稻鱼共生"两种类型，分为传统种植区、核心示范区及核心高产高效示范区。传统种植区一般亩产水稻 400～550 kg、鲜活田鱼 25 kg；核心示范区平均鲜活田鱼亩产 50～150 kg，平均亩产水稻 450 kg；核心高产高效示范区平均亩产水稻 502 kg、鲜活田鱼 75 kg。核心高产高效示范区稻谷以 5.4 元 /kg（传统种植区稻谷以 4.4 元 /kg），鲜活田鱼 70 元 /kg 计，平均亩产值 7 961 元，减去亩平均成本 3 300 元，亩纯收入 4 661 元。再生稻鱼共生模式，稻鱼共生潜力更大，可实现"千斤粮、百斤鱼、万元钱"。

稻鱼共生与单纯水稻相比，水稻免用除草剂，少打农药 2～3 次，减少农药用量 40%～60%，减少化肥用量 30%～50%。

◆ 三、茬口安排

稻鱼共生高效生态种养模式的茬口安排主要考虑水稻种植和田鱼放养时间协同，尽量延长稻鱼共生期，以提高稻鱼产量。根据浙南山区水稻生产季节特点，茬口安排如下。

1. 单季稻鱼共生

单季水稻育秧期4月下旬至5月上旬，移栽定植期5月上旬至6月上旬，收获期一般在9月下旬至10月上旬。田鱼苗一般在水稻移栽后约7 d放养，收捕时间可在水稻收割前后，根据田鱼上市大小要求捕获，贮塘逐渐上市。稻田冬季生产可种植冬季作物或续养田鱼。

2. 再生稻鱼共生

低海拔（400 m以下）山区稻田热量资源充沛，可种再生稻与田鱼共养。水稻头茬3月10日左右播种，4月8日左右移栽，8月上中旬收割，再生季于10月下旬收割。再生稻头茬移栽后约7 d放养田鱼，收捕时间可根据田鱼上市要求确定，捕大留小。可捕获2次，第1次在再生稻的头茬收割前，第2次在再生稻的再生季收割后。

表　稻鱼共生生产期

种类	播种（放养）期	收捕期
单季稻	4月下旬至5月上旬	9月下旬至10月上旬
再生稻	3月10日	头茬8月上中旬、再生季10月下旬
田鱼	4月下旬至6月上旬	9月下旬至10月下旬捕大留小续养

◆ 四、关键技术

稻鱼共生高效生态种养模式关键技术可归纳为"改进稻田基础设施，适控水稻种植密度，投放大规格鱼种，合理施肥投饵，逐步提升稻田水位，平衡健康种养。"

1. 田块基础设施

（1）选择田块　要求水源充足，水质良好、无污染，排灌方便，田块的抗旱防涝、保水保肥能力较强。

（2）加宽、加高、加固田埂　要求田埂高 50 cm 以上、宽 30 cm 以上，坚固结实，不漏不垮或田埂硬化。

（3）开好进（排）水口　进水口和排水口要设在稻田斜对两端，进（排）水口内侧用竹帘、铁丝网等做好拦鱼栅，其上端高出田埂 30 ～ 40 cm，下端要埋入土中 20 cm 左右。拦鱼栅的孔径大小以能防止鱼逃出和保持水流畅通为原则。

（4）搭棚遮阳　在进水口或投饲点搭棚，可遮阴兼防鸟害。

2. 品种选择

（1）水稻　根据稻鱼共生的特点，结合当地气候和土壤条件，选择株型紧凑、抗病虫能力强、耐肥、抗倒伏的高产优质杂交稻品种，例如中浙优系列的中浙优 8 号和甬优系列的甬优 15 号、甬优 17 号等。再生稻品种选择强调生育期适合、再生能力强的品种。单季稻一般 4 月下旬至 5 月上旬播种，再生稻头茬 3 月 10 日左右播种。

（2）田鱼选择　采用大规格夏花，品种以"青田田鱼""瓯江彩鲤"为好。"青田田鱼"为地方特色品种，是青田农民长期结合水稻种植而培育驯化成的当家品种，其性情温良，既耐高温又抗低温，耐浅水，食性杂，生命力强，能在稳定的原水域栖息、觅食，颜色有红、黑、白等，肉质细嫩，鳞片柔软，营养丰富，口感好，生长速度快，非常适合稻鱼共生。

3. 水稻栽培管理

（1）消毒和施肥　稻田每亩用生石灰 50 ～ 75 kg 消毒。稻田每亩施有机肥 500 ～ 750 kg、三元复合肥 30 kg，全部以基肥施入，一般不施追肥，田鱼粪便能满足水稻中后期生长需求。

（2）稀植　适度控制水稻种植密度，采用壮个体、小群体的栽培方法，移栽密度 30 cm×30 cm，每亩 0.7 万～ 0.9 万丛。

（3）免搁田　稻鱼共生不需搁田，随水稻、田鱼生长逐步增加水位，利用深水位（20～25 cm）控制水稻无效分蘖。

（4）病虫草防治　以农业生态综合防治为主。防治水稻病虫害关键在抽穗期，要选用高效低毒农药，禁止使用水胺硫磷、菊酯类农药，对使用过菊酯类农药的器具，要先洗净后再用。稻鱼共生不用除草剂，而且能有效控制稻飞虱、螟虫的为害，减少纹枯病的发生。

4.田鱼放养管理

（1）投放　在水稻移栽后约 7 d 每亩放入规格夏花田鱼苗 300～500 尾、放冬片 100～200 尾。田鱼苗种运输前 2 d 禁食，放入稻田前用 2%～3% 盐水消毒 3～5 min。

（2）投喂　配合饲料或米糠、麦麸、豆渣等按稻田中鱼苗重的 2.5% 定量、定点投喂，早、晚各 1 次。

（3）防病虫鸟害　稻鱼共生田鱼极少发生病害，要防御水蛇、食鱼鸟、水田鼠等，前期可用防鸟网防白鹭。

（4）巡田　注意防旱、防涝、防逃，保持流水清新，保证拦鱼设施完好。

5.收捕贮塘上市

水稻成熟后带水割稻，捕成鱼上市，留小鱼续养。10—12 月可收获 0.4～0.5 kg/ 尾的成鱼，贮塘随时上市。

6.再生稻鱼共生

再生稻鱼共生能延长稻鱼共生期 60～70 d，提高稻鱼经济产量，水稻增加一季再生稻 200 kg/ 亩以上，田鱼增加 30～50 kg/ 亩，田鱼品质提高。

（1）提早种养　于 3 月 10 日左右采用大、小棚育水稻苗，要比单季稻提早 1 个月，田鱼苗也提早 1 个月放养。

（2）适割高度　适当提高再生稻的头季稻收割留桩高度，一般在 35 cm 以上。

（3）减施追肥　免施催芽肥和促苗肥，仅进行叶面肥喷施。

（4）病虫害防治　再生稻头季收割后马上防治稻飞虱等虫害。

（5）精深加工　稻谷收后采用低温烘干，水分控制至 15% 左右进行流水线机械适度加工，真空包装。

青田县农作物站　赵玲玲　陈利芬

青田县稻米——海溪粉干产业链模式

◆ 一、基本情况

青田海溪粉干以青田优质稻鱼籼米为原料，不添加淀粉等添加剂，美味可口，而且久煮不烂、不糊汤、不黏口。青田海溪粉干距今已有300多年历史。相传宋靖康年间，一朱姓人家因金兵入侵南逃，担心崇山峻岭大米不易携带，就把米煮成饭，捣成团，压成丝带着来到海溪定居，制作方法也流传下来，至此青田海溪成为粉干的发源地。这种形式经过一代又一代的工艺改进，逐渐成为今天的青田粉干。

近年来，海溪采用"公司＋合作社＋农户"的经营方式，不断优化产业结构，注重品牌培育，通过由强村公司统一收购、科学加工、精细包装等方式，打破了原有产业局面，推动了各村资源、资产、资金的再整合和再利用，走出了一条稳粮、增效的农业模式。

表 稻米海溪粉干产业链产量效益

产业链	产量（kg/亩）	产值（元/亩）	净利润（元/亩）
稻	420	1 596	190
鱼	25	1 750	950
粉干	420	4 200	450
合计		7 546	1 590

◆ 二、产量效益

单季早籼米亩产420 kg，亩产值1 596元；田鱼亩产25 kg，亩产值1 750元；籼米加工成粉干以10元/kg计算，粉干收益4 200元，亩产值合计7 546元。

◆ 三、茬口安排

海溪粉干主要原料是青田优质稻鱼早籼米，水稻育秧期在3月上旬播种，移栽定植期为4月中旬，收获一般在7月下旬。田鱼苗在水稻移栽后一个星期左右放养。

◆ 四、关键技术

1.水稻栽培技术

（1）消毒和施肥　稻田每亩用生石灰 50 ～ 75 kg 消毒；稻田每亩施有机肥 500 ～ 750 kg、三元复合肥 40 kg，全部以基肥施入，一般不施追肥，田鱼粪便能满足水稻中后期生长需求。

（2）稀植　适度控制水稻种植密度，采用壮个体、小群体的栽培方法，移栽密度 30 cm × 30 cm，每亩 0.7 万～ 0.9 万丛。

（3）免搁田　稻鱼共生不需搁田，随水稻、田鱼生长逐步增加水位，利用深水位（20 ～ 25 cm）控制水稻无效分蘖。

（4）病虫草防治　以农业生态综合防治为主。稻鱼共生不用除草剂，而且能有效控制稻飞虱、螟虫的为害，减少纹枯病发生。防治水稻病虫害关键在抽穗期，要选用高效低毒农药，禁止使用水胺硫磷、菊酯类等对鱼有害的农药，对使用过菊酯类农药的器具要先洗净后再用。

（5）适时收获　当 98% 的穗粒达到蜡熟中后期，同时穗枝梗变黄且 95% 的谷粒变为金黄色收割最宜。

2.粉干加工流程

（1）清洗浸泡　将大米清洗后浸泡，夏天浸泡 40 min，其他季节浸泡 60 min。浸泡后冲洗沥干。

（2）磨粉　将沥干后的米打磨成米粉。

（3）压制　将米粉搅拌均匀，压制成 8 ～ 10 mm 颗粒状粉粿。

（4）首次蒸　将粉粿揉搓出韧劲，做成大块上笼蒸，以蒸熟为宜。

（5）制丝　将蒸好的粉粿放入干粉车压槽内，用千斤杠挤压、经槽下面的铁篦子，制成 0.8 ～ 1 mm 粗的丝装盘。

（6）二次蒸　第 2 次蒸时间在 2 h 以上。

（7）切段整型　第 2 次蒸后，切段，长度约 35 cm，整理成帖，每帖约 100 g。

（8）干制　将粉干铺在竹制或不锈钢晒网上晾晒或用机器烘干，水分控制在 12% 以下。晒的时候要有光照和风，这样做的粉干才会颜色更好看。

（9）包装　按不同规格要求进行包装。

青田县农作物站　赵玲玲　陈利芬

龙泉市水稻再生栽培模式

◆ 一、基本情况

再生稻是将头季稻收割后通过特定的栽培管理技术，利用稻桩上的休眠芽萌发生长发育形成的新一季水稻。早在20世纪90年代龙泉市便开始从福建省尤溪县引进再生稻种植技术，当时在锦溪镇、龙渊街道种植面积达1 000亩，品种主要为汕优63、协优63、温优3号等。1997年，龙泉"再生稻高产栽培技术研究与推广"项目曾获浙江省农业农村厅农业丰收奖三等奖。

在丘陵山区大力推广"头季稻+再生季"的再生稻模式是粮食增产的一条重要途径，既能提高土地利用率，又具备增产增效、省工节本的优势。与单季稻相比，该模式增加了一季水稻的产量与效益；与双季稻相比，该模式减少一次育插秧农事环节，也能减少农药、化肥投入。此外，再生稻生产与本地单季稻农忙时节错开，种植大户在完成自己头季稻田的耕种收后能马上为周边农户开展服务，农机具使用率大大提高，潜在的经济效益和社会效益巨大。近年来，再生稻高产高效种植模式在龙泉市小梅镇、兰巨乡、八都镇等9个乡镇成功推广应用，创建再生稻示范基地16个，推广面积达3 000亩，在原有水稻再生模式基础上，结合优质稻品种更新、全程机械化生产、精确施肥、绿色防控等技术，集成创新了再生稻高产高效种植模式。

◆ 二、产量效益

头季稻平均亩产 600～650 kg，再生稻平均亩产 250～350 kg，两季水稻总产量 850～1 000 kg。头季稻收购价为 3.1 元/kg，再生稻收购价 5 元/kg，亩产值可达 3 110～3 765 元，扣除亩生产投入成本约 1 800 元，亩纯收入 1 310～1 965 元。与单纯单季稻相比，该模式增加一季产量，增产增效显著；与普通双季稻相比，该模式能少打农药 1～2 次，减少农药使用量 20%～30%，减少化肥投入 20%～35%，节肥减药效果明显。2021 年，再生稻推广 2 000 亩为龙泉市增加粮食产量 1 700～2 000 t，促进种粮大户增加 260 万～393 万元，为全市粮食安全保障、种粮大户增产增收作出重要贡献。

◆ 三、茬口安排

再生稻生产模式茬口安排主要考虑两个因素：一是确保头季稻播种时安全出苗、度过早春低温期，温度稳定超过 12℃，适时早播；二是适时收获，头季稻成熟度达 90% 以上，倒数第 2 节分蘖露出叶鞘时，就应早施催芽肥并适时收割，以保障休眠芽的顺利萌发，为再生季产量形成留足时间。

头季稻在 3 月 10—20 日播种，4 月 5 日左右开始机插移栽至大田，收割时间在 8 月中上旬；再生季水稻收割时间在 11 月中上旬。

◆ 四、关键技术

1. 田块基础设施要求

（1）秧田选择　秧田应选择较低海拔（300 m 以下）、方便运输、距离移栽大田近、排灌良好、背风向阳、保水保肥能力强的田块。

表　不同茬口效益分析

种类	产量（kg/亩）	产值（元/亩）	净利润（元/亩）
头季稻	600～650	1 860～2 015	360～515
再生稻	250～350	1 250～1 750	950～1 450
合计	850～1 000	3 110～3 765	1 310～1 965

表　不同稻不同生育期

种类	播种期	收获期
头季稻	3 月中旬	8 月中上旬
再生季	—	11 月中上旬

再生稻机插品种对比示范田
品种名称：甬优4901
播种期：3月15日
移栽期：4月6日
头季稻成熟期：　月　日
再生稻成熟期：　月　日

（2）大田选择 大田应选择温光条件好、水源充足、排灌设施齐全、田块较大适宜机械化生产的田畈。单个田畈连片面积要大于30亩，以免头季稻灌浆期遭受鸟害损失严重。

（3）搭棚育秧 秧田用地膜或大棚膜覆盖做小拱棚，有条件的可放入大棚再进行地膜覆盖。秧床备耕时要做到田平泥化，待泥浆完全沉淀后排水待用。秧床宽度为1.5 m，秧床之间留30～40 cm的工作行，便于摆盘管理。

2. 稻种选择

选择适应性强、分蘖力强、再生能力好、丰产潜力大、生育期适宜本地栽种的优质稻种品种。生育期较长的品种可选用甬优1 540，生育期中等的品种选用甬优4 901、甬优1 526。

3. 再生稻栽培技术

（1）种子处理 浸种处理用咪鲜胺、噻唑锌1 500倍液浸种，浸泡时间不低于12 h。

（2）叠盘育秧技术 采用基质叠盘暗育秧技术，每盘播种量60～75 g，每亩用量10～15盘，播种好的秧盘应在室内叠盘1～2 d，待谷种出土约1 cm时移入秧田。秧盘选择长60 cm、宽33 cm的毯状硬塑盘（育秧盘），摆盘时做到盘与盘之间无缝隙，塑盘与床土充分接触不留空隙，摆放平整。

（3）秧床管理 一叶一心到二叶期管水以干为主，促根深扎，灌水深度不超过秧盘平面为宜。膜内温度控制在20℃左右，晴天白天可揭膜炼苗。待秧苗长到三叶后要及时揭除棚膜，秧龄最多不能超过25 d。

（4）机插配套技术 机插时应选择晴朗无风的时候进行，提前1 d排去秧床中的水，便于起运秧苗。机插株行距30 cm×26 cm，平均每亩约插8 550丛，每丛1～3本；肥力中等或较低田块可通过适当调高密度和保证基本苗来争取后期产量提升。

（5）施肥管理　底肥每亩施用碳酸氢铵 50 kg、过磷酸钙 25 kg。催芽肥施用是再生稻再生季能否高产的关键技术，一般在灌浆结束后有 50% 谷粒黄熟时施用，大约在头季稻齐穗后 15 d 或收割前 7 ～ 10 d 施用，亩施尿素 20 ～ 25 kg，施后及时排干田水，烤硬田面待收割。再生季高产田块可视分蘖抽芽情况，追施尿素 8 kg、氯化钾 8 kg，也可追施复合肥 25 kg；再生季始穗 10% 左右可喷施九二〇、磷酸二氢钾促进抽穗整齐、提高结实率。

（6）水分管理　按照"薄水立苗、浅水活蘖、适期晒田"原则。机插后 1 周内保持田面薄水，促根立苗。立苗后保持 2 ～ 3 cm 浅水层促分蘖。看苗群体长势，及时排水晒田，控制无效分蘖，后期干湿交替。头季稻收割后田间应马上灌水促蘖。

（7）机械收获　头季稻成熟度达 90% 以上，倒数两节分蘖露出叶鞘时，适时收割，留桩高度 20 ～ 40 cm。收割时收割机履带可换成 25 cm 宽度，尽量减少压倒稻桩损失（碾压率控制在 1/3 以下）。头季稻收割时间在 8 月中上旬，再生季收割时间在 11 月中上旬。

（8）病虫害防治　再生稻基地实行肥药双减，坚持"预防为主，综合防治"方针。选用抗病品种，做好浸种处理，秧田选择避开带病区块，及时处理前茬带病秸秆，消灭菌源；稻田养鸭，利用稻鸭共栖形式防治稻飞虱，定期将鸭子放入田中。化学防治主要防治纹枯病与稻曲病，防治 1 ～ 2 次。防治关键期在破口前一周亩施用 5% 井冈霉素水溶性粉剂 100 ～ 150 g 兑水 75 ～ 100 kg。

◇ 五、销售情况

采取"头季稻＋再生稻"的稻谷订单销售模式。头季稻生产的稻谷以国家储备粮早稻收储（稻谷价格 3.1 元 /kg）的形式进行销售；再生稻生产的稻谷以"公司＋种植大户"签订生产收购合同（稻谷价格 5 元 /kg）的形式进行销售。统一收购、统一烘干、统一销售（稻米价格 10 元 /kg），再生稻稻米销往上海、杭州、温州等地，效益稳定。

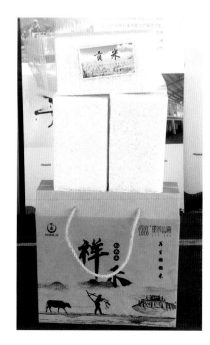

龙泉市粮油技术站　连晓梅　雷锦超

龙泉市『水稻＋黑木耳』绿色高质高效生产模式

"水稻＋黑木耳"轮作技术是利用水稻生产结束后的冬闲田作黑木耳苗场，黑木耳生产结束后再种植水稻的一种水旱轮作模式。以水稻田作菌场，黑木耳不容易受杂菌污染，产量高，品质好；黑木耳采收后废弃菌棒可以部分还田改良土壤，能提高土壤的有机质含量，防止土壤板结、酸化，水稻生长更健壮，可起到稳产高产的作用，实现循环利用。该模式平均亩产值达3万元以上，在不减少粮食产出的基础上，实现了"千斤粮、万元钱"，龙泉市年推广面积1.5万亩。2020年，龙泉市"水稻＋黑木耳"绿色高质高效生产模式入选农业农村部的高效种植模式典型案例进行宣传推广。

◆ 二、产量效益

稻耳生产模式利用时节差高效生产稻谷与培育木耳，每亩可产黑木耳 600 kg、稻谷 600 kg，亩产值超过 3 万元。例如八都镇四村稻耳轮作示范基地调查，种植大户吴宗平承包农田 25 亩建设稻耳轮作示范基地，2021 年稻谷产出 15 t，种植黑木耳 20 万袋，成活率达98% 以上，累计每袋采收黑木耳 80 g，平均亩收干耳

表　龙泉市宗平家庭农场 25 亩稻田收益情况

作物	产量（kg/亩）	产值（元/亩）	净利润（元/亩）
水稻	600	1 944	474
黑木耳	630	34 650	14 600
合计	1230	36 594	15 074

630 kg，增收 86.5 万元，扣除黑木耳生产物化成本及田租、人工工资等合计 50 万元，示范基地通过木耳增加收益 36.5 万元，平均每亩净增收 1.46 万元。"水稻＋黑木耳"已经成为龙泉市独具地方特色的农业支柱产业，既能保障粮食安全生产，又能促进农民增收。

◆ 三、茬口安排

表　稻耳生产模式茬口安排

作物	播种期	移栽期	收获期
水稻	4 月下旬至 5 月上旬	5 月下旬至 6 月上旬	9 月下旬至 10 月上旬
黑木耳	7 月中旬至 9 月中旬（制袋、接种）	9 月下旬至 10 月下旬（排场入田）	12 中旬至翌年 4 月上旬（出耳采收）

◆ 四、关键技术

1. 水稻优质高产栽培技术

（1）品种选择　选择生育期适中的优质稻品种为主栽品种，如浙优8号。

（2）培育壮秧　自主培育半旱秧需要准备半旱秧田20～30 m²/亩，每平方米施碳酸氢铵50 g拌过磷酸钙25 g作耙面肥，并且挖沟起畦做成秧板，然后以满沟水为基准，整平畦面。4月下旬，将催过芽的露白种子播下，按大田每亩用种子500 g均匀撒播，播后拍谷轻压实。移栽前大田排水至沟内灌满水，畦面无水层。一叶一心期喷多效唑200 mg/kg，适宜秧龄为20～25 d。

（3）合理密植　5月下旬开始适龄移栽，实行宽行密株，单本稀植，一般亩插0.8万～1万丛，株行距23 cm×30 cm，秧苗栽插后保持满沟水。

（4）田间管理　黑木耳生产后，将1/3废菌棒进行粉碎还田，基肥每亩用水稻专用肥40 kg或碳酸氢铵25 kg加过磷酸钙30 kg。移栽后7 d，结合大田除草及时施分蘖肥，亩施尿素5～10 kg、氯化钾7.5～10 kg。看苗酌情施用穗肥，亩施复合肥（15-15-15）约10 kg。插秧后薄水护苗，前期浅水促蘖，搁苗要多次轻搁。当大田茎蘖数达到目标有效穗数的80%时，及时排干沟水进行搁田；孕穗至抽穗期灌浅水、齐穗后灌满沟水或浅水，自然落干后再灌水并反复交替进行，灌浆期干湿交替壮籽。水稻机械收割后，用割草机处理稻桩，清整田块开展黑木耳大田生产管理。

（5）病虫防治　坚持"预防为主，综合防治"，采用农业、生物和化学防治等措施进行防治。6—7月重点防治白背稻虱、稻纵卷叶螟，8月中下旬水稻破口至抽穗期重点做好纹枯病、稻曲病、稻瘟病等病害的预防，同时看田间虫害发生情况兼治3代稻纵卷叶螟、3～4代稻飞虱。施用农药时保持浅水层，病虫草害防治按照统防统治要求进行防治。

中浙优8号

2. 黑木耳高产栽培技术

（1）原料与菌种准备　基础配方为杂木屑88%、麸皮10%、石灰2%。选用高产、稳产、抗逆性强的黑山品种，购买正规菌种厂菌种。原料准备时以2/3粗木屑搭配1/3细木屑，用8 mm的筛孔一次性粉碎成颗粒形，麸皮要求新鲜、不结块、干燥、无霉变，以中粗、红麸皮为好。利用机械将干料混合均匀后加水继续搅拌，将培养料含水量控制在55%～60%，pH值控制在5.8～6.2。

（2）拌料　按配方比例准确称好主料和辅料，进行两次拌料，第1次拌料混合主料，第2次拌料混合麸皮、石灰等辅料，搅拌均匀，培养料含水量55%左右。

（3）装袋　将培养料装入规格为15 cm×53 cm的低压聚乙烯塑料袋，每棒料重量1.4～1.5 kg，4 h内完成装袋、上架，防止培养料酸化。

（4）灭菌　装袋后及时移入经预热至60～70℃的灭菌灶灭菌，注意每灶不能超过1万棒，4 h内使料温升到97～100℃，100℃保持12～16 h。灭菌完毕后待温度降至60℃时出灶。

（5）接种　严格按无菌操作要求，在接种室或接种箱接种。每个料棒一般接种3穴，接种穴直径1.5 cm，深2 cm，菌种要成块，与料棒接触严密，不留空隙，接种后立即用外套袋封口。

（6）套袋控氧、荫棚养菌、刺孔催耳　室外养菌棚养菌，养菌棚顶覆盖黑白膜避光培养，采用黑色遮阳网（喷淋）降温通风培养；菌袋采用"井"字形或三角形堆叠方式堆叠培养，待菌丝发满菌袋后，选择晴天适时刺孔催耳，刺孔采用自动刺孔机，每菌袋刺孔数量180～320孔，可边刺孔边排场，也可刺孔后养菌3～5 d再进行排场。

（7）排场、喷水管理与耳芽管理 排场方式选用全露天摆地模式，整田制畦，在木耳畦周边开好排水沟，畦面上铺盖黑白膜、稻草（养护毯）物理防治杂草，以免后期长草影响木耳产量。耳床用木柴或竹竿、铁丝搭成，宽120～130 cm、高25 cm、长度不限，横竿行距25～30 cm，每亩排场约8 000棒。成熟耳棒出田排场，架设喷水设施。选晴天或阴天耳棒排场，将其倾斜摆放在畦场铁丝上，雨天不排场。初期做好晒棒、转棒管理，隔期水分管理、转潮养菌。采用智能自动定时水雾喷带调控菌棒湿度，喷水的原则是"干干湿湿"，气温高时早晚喷水，气温低时中午喷水。幼耳期一般每天喷水1～2次，保持幼耳湿润即可。成耳期喷水量视子实体生长而相应增加，防止耳片失水变干。同时，也要拉大干湿差，即干几天，湿几天，干湿交替以促进生长并减少病虫害发生。如遇连雨天气，需采用薄膜避雨栽培保护菌棒，或提前采收，也可减少流耳情况的发生。每批木耳采收后停止喷水7 d，使料内菌丝恢复。待新的耳基形成后，再进行下一潮喷水管理。

（8）采收制干 耳片颜色转浅，由黑变褐、边缘舒展软垂、肉质肥厚、耳根收缩、腹面出现白色孢子粉时，及时采收，采收原则为采大留小。采耳前3 d停止喷水。采下的耳片要清理干净，丛生的朵形要分开。晾晒时，耳片朝上，耳根朝下，未干时不要随便翻动，避免形成拳耳。

龙泉市农业农村局 毛美珍
龙泉市食用菌办公室 盛立柱

莲都区全产业链模式

◆ 一、基本情况

莲都区水稻生产面积常年稳定在 3 万亩以上，主要生产区域分布在碧湖、老竹、丽新等乡镇，依托碧湖平原地力条件，自 2007 年以来开始推广水稻全程机械化，成立了丽水市莲都区心连心农机专业合作社、丽水碧湖虹菊粮食产销专业合作社等专业合作组织，并开展育供秧、耕种收等社会化服务；借助市辖区交通、市场优势，发展稻米产加销一体化，培育了丽水市炜奕粮食专业合作社、丽水市碧盛粮食专业合作社等经营主体。近年来，丽水市加大社会化服务补贴力度的政策引导，发展了水稻全程机械化生产面积 10 000 亩，产加销一体化 3 300 余亩，稻米产量 115 万 kg，销量 75 万 kg，产生效益 300 余万元。

通过向农户提供粮食生产全程机械化一站式社会化服务，每年可作业面积 20 000 多亩，平均每亩作业效益 30 元，社会化服务年效益 60 余万元。

水稻全产业链模式发展有效提高了农机使用率，降低了小农户或种植大户单独购买成本，同时解决了农村土地撂荒问题。因此，莲都区联合社积极探索田地耕种模式，摸索出水稻全产业链模式，从田地翻耕、育秧、插秧、病虫害防治、收获、烘干到加工销售全程机械化生产，不仅解决了耕种难的问题，而且通过加工销售大米，效益较传统模式翻一番。

◈ 二、产量效益

水稻全程机械化服务生产，以碧湖平原为生产核心区，一般单季稻水稻亩产 550 kg，稻谷价格 3.18 元 /kg，亩产值 1 749 元，扣除成本 1 425 元，净利润 324 元，通过耕种收环节社会化服务降低人工 1 个，节约肥药 30%，实现节本 255 元；通过发展稻米产加销一体化，亩加工稻米 390 kg，亩产值 3 120 元，扣除成本 1 950 元，净利润 1 170 元。

表 1　水稻全程机械化产量效益

种类	产量（kg/ 亩）	产值（元 / 亩）	净利润（元 / 亩）
水稻	550	1 749	324
加工后	390	3 120	1 170

通过向农户提供水稻育秧、机插、病虫害统防统治等社会化服务，每年累计可作业面积 20 000 多亩，平均每亩效益 30 元，社会化服务年效益 60 余万元。

表 2　社会化服务支出明细

服务模式	育插秧（元 / 亩）	统防统治（元 / 亩）	机收（元 / 亩）	烘干（元 / 亩）	碾米（元 / 亩）
环节托管	350	150	180	150	150
全程托管			900		

◈ 三、茬口安排

5 月上旬至 5 月下旬单季稻育秧，移栽定植安排在 5 月下旬至 6 月中旬，9 月下旬至 10 月中旬收获。

◈ 四、关键技术

1. 水稻生产社会化服务技术

（1）基础设施建设　选择集中连片、相对平坦田块，开展基础设施改造，通过路沟渠、下田坡等宜机化改造，适应农业机械化生产。

（2）品种选择　选择适应当地环境条件，品质优良且抗病、抗逆性好的水稻品种，例如单季晚稻选择中浙优 8 号、甬优 1 540、华浙优 223 等品种。

（3）社会化服务　包括环节托管服务和全程托管服务。在水稻生产过程中，农户可根据实际需求，选择合作社提供的水稻育秧、机插、病虫害统防统治、机收、烘干、碾米中的一种或多种环节农机服务；也可选择水稻全程托管机械化服务，合作社提供从整地、播种、育秧、施肥、浇灌、植保、收获、烘干等粮食生产全程机械化一站式服务。

（4）平台打造　创新服务模式，打造综合农事服务平台。联合社拥有高速插秧机、全喂入收割机、无人植保机、烘干机、碾米机等大型现代化农业生产机械，组织成员开展统一联系业务、统一采购农机物资、统一作业价格、统一调配、统一培训"五统一"流程农机社会化服务。当地农业的实际需求，对农户机械化生产采取不同的服务方式，根据不同的服务项目进行收费。

2. 水稻产加销一体化

莲都区产加销一体化的生产经营主体已加入丽水山耕，加工后的稻米以"电商＋实体店"销售模式为主，包装以 2.5 kg、5 kg 为主，兼有 1 kg 等精装包装，主要销售市场以丽水市本地为主。以种粮大户吴协军为例，合作社生产的稻米注册有"通济堰农家软香米"商标，曾获得丽水市十佳好稻米、浙江省好稻米优质奖等称号，2020 年大米通过农业农村部绿色认证，与莲都区旅投公司签订订单，提供 1 kg、2.5 kg 装精包装稻米，年销售稻米 25 万 kg。

莲都区农业技术推广中心　周攀

◆ 一、基本情况

蚕豆具有粮、菜、经、肥兼用等特点，是莲都区农民传统冬种作物。莲都区充分利用春季回温早、阳光充足、土地肥沃等优势条件，大力推广实施以覆膜栽培为重点，化学调控、根外追肥、病虫害综合防治等相配套的蚕豆促早熟高产栽培技术。近年来，莲都区蚕豆生产规模不断扩大，蚕豆规模种植大户不断涌现，2021 年莲都区蚕豆种植面积达 2.4 万亩。蚕豆收获后再种植 1 季单季稻。通过蚕豆—水稻轮作，提高了农田复种指数，且蚕豆秸秆还田，改良土壤，达到土地用养结合，经济、社会和生态效益明显。该模式推广面积 1.5 万亩，每年效益可达 2 380.5 万元。

◈ 二、产量效益

蚕豆鲜荚产量 750 kg/ 亩，平均 4.5 元 /kg，产值达 3 375 元 / 亩，扣除成本后效益 1 200 元 / 亩；水稻产量 550 kg/ 亩，平均 3.18 元 /kg，产值 1 749 元 / 亩，扣除成本后效益 324 元 / 亩。

表　蚕豆与水稻效益分析

种类	产量（kg/亩）	产值（元/亩）	净利润（元/亩）
蚕豆	750	3 375	1 200
水稻	550	1 749	324

◈ 三、茬口安排

蚕豆采取直播方式种植，播种时间安排在 10 月上旬至下旬，收获安排在 4 月中旬至下旬。

单季稻育秧安排在 5 月上旬至下旬，移栽定植安排在 5 月下旬至 6 月中旬，收获安排在 9 月下旬至 10 月中旬。

◈ 四、关键技术

1. 品种选择

蚕豆品种选择高产优质的品种，如浙蚕一号、陵西一寸等；水稻品种选择

适应当地环境条件，品质优良且抗病、抗逆性好的水稻品种，如单季晚稻选择中浙优 8 号、甬优 1 540、华浙优 223 等。

2. 施肥

（1）蚕豆　根据蚕豆的需肥特性，基肥以磷钾肥为主，同时配施有机肥。每亩施过磷酸钙 40 kg、氯化钾 5 ～ 10 kg，肥力较低的田块，每亩可增施腐熟农家肥 1 000 kg。

（2）水稻　一般机插秧田块亩施纯氮 15 kg 左右，基肥要足、慎用穗肥，基蘖肥与穗肥比例为 6：4。

3. 蚕豆地膜覆盖技术

蚕豆地膜覆盖栽培具有增温、保湿、保肥、除草、防虫等功能，是一种高产、高效的种植方式，比露地栽培蚕豆有很大的优越性，不仅能提早成熟 15 ～ 20 d，而且由于地膜蚕豆温差变小，水分散失少，水、肥、光、热资源利用率高，能充分发挥蚕豆的增产潜力，增产率达 20% 以上，高者可达 50% 以上，同时还可以改善蚕豆的蛋白含量。蚕豆种植要做高畦，畦面形状为中间高、两边低，有利于排水，畦宽 1.7 m，覆盖黑色薄膜，每畦播种 2 行，每穴 1 粒。

4. 蚕豆田间管理技术

在苗期摘心促分枝、花期打顶控生长、荚期抹芽育大荚。

具体做法是：在豆苗第 3 片真叶完全展开时，摘心去除主茎，促进分枝生长；始花期疏枝，去掉无头枝、弱枝、迟心发枝，每株保留 5 ～ 7 个健壮分枝；盛花期，30% ～ 40% 植株开始长出第一颗豆荚时，打顶摘除嫩枝顶部 2 ～ 3 cm。打顶掌握打小顶不打大顶，打掉的顶尖可带蕾不可带花。摘心打顶均应在晴天进行，以防伤口灌水诱发病害。

5. 蚕豆病虫害防治

（1）赤斑病　赤斑病在蚕豆上普遍发生，一般在 2 月中下旬开始发病，3 月底至 4 月初发病严重，若遇连绵阴雨，病程加长。赤斑病在田间往往成片发生，离发病中心越近，病情越早越重。应选用抗病蚕豆品种，及时进行种子及土壤消毒处理；开花前喷施增花坐果灵，促进果实发育，提高植株抗病能力；盛花期可喷洒 50% 扑海因可湿性粉剂，50% 速克灵可湿性粉剂，连喷 2 次。

（2）褐斑病　增施钾肥，提高植株抗逆性；发病初期可全株喷施 1～2 次 12% 绿乳铜乳油 500 倍液，或 50% 琥胶肥酸铜可湿性粉剂 500 倍液。

（3）病毒病　病毒病发病初期可喷洒 1.5% 植病灵乳剂 800 倍液防治。

（4）蛴螬　可在播种前深翻土壤减少蛴螬虫口数量，或用 50% 辛硫磷乳油拌种杀灭幼虫；虫量较大时，可用药液灌根防治；成虫盛发期可用 3% 立本净拌适量细土后撒于地面，可杀死成虫。

（5）蚜虫　防治蚜虫要尽早，可在其未迁移前及时使用天敌或者挂黄板等物理手段进行预防；发生后期可选用 10% 蚜虱清可湿性粉剂，或 10% 吡虫啉可湿性粉剂喷雾。

6. 水稻全程机械化生产技术

水稻水分管理应掌握"前促发，中轻搁、壮根秆，后期干湿交替、活熟到老"的原则。水稻全程机械化生产技术在耕地整地、育秧、栽植、植保、收获、干燥等主要生产环节实现了机械化操作，大幅度提高劳动生产效率，每亩可增收节支 300 元以上。

云和梯田多样性种养共生

◆ 一、基本情况

云和县地处浙西南，为丽水的地理中心，山水资源独具特色，素有"九山半水半分田"之称。云和梯田总面积约 50 km²，面积名列全国前 3 位，有"千年历史、千米落差、千层梯田"的特点。农作物种植以水稻为主，核心区块面积约 430 余亩，其中，水田 350 亩，一年种植一季。本区域具有明显的垂直性气候差异，山区气候特征明显，形成了光、热、水、气不同的生态环境特点，为生物多样性生长提供了生境条件。正因如此，云和县农业科技人员和广大勤劳智慧的人民利用自然气候条件发展生态农业多样性种养业，不断研究创新云和梯田农作制度，形成了"耳（菌）稻轮作""稻鳖共育""稻鱼套养"等多种种养共生模式，促进农业产业结构进一步优化，使有限资源使用最优化，产能效益最大化。目前，年推广稻田养鱼 3 000 亩、耳（菌）稻轮作 300 亩、稻鳖共育 100 亩。

结合云和梯田创 5 A 规划，积极打造学农基地，云和梯田已成功申报为"浙江省中小学劳动实践基地（学农基地）"，后期将积极发展"农业 + 旅游"产业。一是田间实践教育板块，根据季节变化让学生参与田间劳动，加强实践教育。二是农产品加工板块，学生可以学习水稻收割、烘干、碾米、包装等内容，并了解加工过程。三是拓展训练板块，通过参加农事比赛、农村社会调查等活动加强对学生的社会实践教育。四是家禽、家畜等生态体系观察教育板块，学生观察畜禽养殖过程，科普生态体系教育。通过四大板块的内容全面推进学生的素质教育，拓宽中小学生实践渠道，培养学生的创新精神和实践能力，并将农业教育融入旅游当中，从而推动云和"梯田农业 + 旅游业"的双向发展，争创营收。

◆ 二、产量效益

稻耳：黑木耳平均每袋产干耳 0.075 kg，以 80 元 /kg 计算，亩产值 4.8 万元，除去成本每袋 1.8 元，亩净利润达 3.36 万元；水稻每亩产干稻谷 400 kg，产值 0.16 万元；除去成本每亩 0.7 万元，亩净利润达 0.9 万元。耳稻轮作合计每亩效益 3.45 万元，经济效益显著。

表　种养共生各种类产值效益分析

种类	产量（kg/亩）	产值（元/亩）	净利润（元/亩）
水稻	400	1 600	33 600
黑木耳	600	48 000	9 000
鳖		25 000	10 000
鱼	30	3 000	1 400

稻鳖：亩放养 250 g 左右的甲鱼苗 100～150 只，春节期间，两只甲鱼精包装销售价格达 350 元，每亩甲鱼产值达 2.5 万元；水稻产量 300 kg，产值 0.12 万元；稻鳖共育每亩产值 2.6 万元左右，亩年效益近万元。

稻鱼：亩产鱼 30 kg，增收 1 400 元；平均亩产稻谷 300 kg，按市场价 4 元 /kg 计算，产值 0.12 万元，亩效益 1 400 元。

◆ 三、茬口安排

水稻大田栽培季节为 5 月上旬至 10 月底，代料黑木耳利用 11 月至翌年 5 月初的非水稻生产季节安排生产。5—10 月，进行水稻插秧、田间管理和收割。7—9 月对代料黑木耳进行制袋、接种、室内发菌等培养。水稻收割结束后，在 10 月底至 11 月初代料木耳出田排场，11 月上旬至翌年 4 月中下旬对木耳采收和管理。木耳采收结束后，菌棒还田进行水稻种植。

◆ 四、关键技术

1. 耳稻轮作

（1）选择良种　黑木耳可选黑 3、916，水稻可选中浙优 8 号等。

（2）确定袋料黑木耳培养基质　培养基必须根据黑木耳菌丝生长和子实体发育所需的营养及当地资源科学合理配制。生产上袋栽黑木耳的配方很多，丽水市的耳农以杂木屑为主。

　　基质主要含杂木屑 67.5%、麸皮 10%、砻糠 20%、红糖 1%（或 0.1%"菇耳丰"）、石膏 1%，含水量 1∶1.1，石灰 0.5%，pH 值 6～6.5。

　　（3）做好耳稻田间管理　黑木耳代料栽培开展"刺孔养菌和露天排场"栽培技术。刺孔养菌：在适宜情况下，菌丝经过 2 个月左右培养基本发透。菌丝发透耳棒后要进行一次刺孔，脱袋的一般孔大 2～3 mm，孔深 5 mm。可用 2～2.5 寸圆钉制成钉板打孔；每袋菌棒打 9～10 行、100～110 个孔为宜。孔打好后，一定要采用"△"或"井"字形堆放，有利于散热和空气流通。同时，打开所有门窗，创造良好的通风和光照条件，有利于菌丝恢复及生理成熟。如果是免脱袋刺孔出耳，则孔大 4 mm，深 5 mm，孔数 150～200 个。刺孔养菌时间一般为 7～10 d。

　　木耳灌溉方式由水雾喷带改为高架雾喷模式，既可节约用水又方便轮作。

2. 稻鳖共育

　　（1）稻田和品种选择　养鳖应选择便于看护、水源清洁无污染、水流通畅、排灌方便的稻田。水稻品种要选择茎秆粗壮、株型紧凑的杂交稻组合，因在高山区种植，故选择早熟的品种。

　　（2）鳖田整理　加固加高田埂，田埂应高出田面 40 cm 左右，夯紧夯实，田边四周用石棉瓦、木板、水泥板等做好防逃设施。开挖暂养坑（沟）。因在山区，田块较小，在稻田的一边开挖宽 2～3 m、深 1～1.5 m 的暂养坑。沿田埂四周内侧，距田埂 0.5～1 m 挖环形沟，田中间挖好田间沟，沟宽 0.5 m 左右、深 0.5 m。做好消毒处理。鳖田整理好后可用 10 mg/kg 漂白粉或 150 mg/kg 生石灰泼洒浸泡消毒。

　　（3）培育壮秧，适时移栽　种子经消毒催白后，采用半旱育秧，育秧强调稀播均播，秧本比 1∶8，秧龄控制在 35 d 以内，移栽时单株带蘖 2～3 个。经消毒的稻田施足基肥，灌清水移栽，水稻移栽强调实行宽行密株，因要放养甲鱼建放养沟、坑，减少了耕地利用率，水稻移栽时要求双本插，确保足穗高产。水稻移栽后在稻田中及时放养一定量的杂鱼和螺类。

　　（4）加强田间管理，促进水稻早发　水稻移栽后 5～7 d，及时施好促蘖肥，施用尿素 10～12 kg／亩，钾肥 7.5 kg／亩促分蘖，茎蘖数达到有效穗 80% 时及时灌深水控蘖，减少无效分蘖，提高成穗率。齐穗后用磷酸二氢钾 0.1 kg 加水 25 kg/ 亩喷雾，以促进籽粒饱满，提高结实率。

（5）**鳖苗放养和投喂饵料** 水稻施促蘖肥时，稻田水自然落干，约移栽后 15 d，灌清水后即可放养鳖苗。因甲鱼在田间生长时间相对较短，为使甲鱼当年上市出效益，要求放养规格较大的甲鱼苗，一般放养 250 g 左右的甲鱼苗 150 只 / 亩。每亩稻田设置 4～6 个食台，9 时和 17 时各投喂 1 次，以投小鱼、玉米、小麦、猪胰、猪肺、螺蛳为主，为促进甲鱼生长，同时还要适当投放全价配合饵料。投料量以鳖吃饱下次投喂无剩余为度。因山区气温较低，甲鱼生长较慢，稻鳖共育要连续饲养 2 年，甲鱼个体达到 0.6 kg 以上时上市。

（6）**病害防治** 水稻病虫防治强调以"物理防治为主，药剂防治为辅"的原则。养鳖稻田要求每公顷安装 1 盏杀虫灯诱杀害虫，做到水稻只防病不治虫，尽量减少病虫害防治用药次数。水稻防病时根据病虫预测测报及田间病害发生趋势，把握时机，及时防治，施用农药时要灌深水和选用高效低毒农药，避免药物直接落入水中。施用农药后，及时注入新水，改善水质条件，确保甲鱼安全。甲鱼病害注意适时在鳖田田间沟（坑）泼洒生石灰消毒预防病害，也可在饲料中拌入磺胺药物或抗菌素两种药物交替投喂防治病害。

3. 稻鱼套养

（1）**适时播种，培育壮秧** 云和县单季稻根据海拔高度不同，播种期掌握在 4 月中下旬至 5 月下旬，高海拔地区应早播，海拔在 800 m 以上地区，要选择早熟组合，在 4 月中旬播种。平原地区可适当延迟播种，但最迟不超过 5 月底，同时要选择茎秆粗壮、株型紧凑、分蘖力强、大穗型杂交组合，如中浙优 8 号等。每亩秧田施有机肥 500 kg，氮磷钾三元复合肥 50 kg。种子经处理催芽至露白后播种，秧本比一般掌握在 1：10。一叶一心期及时施好断奶肥，每亩施尿素 4～5 kg，秧田排干水后，喷施多效唑，抑制秧苗徒长，促分蘖。

（2）**加高田埂，做好鱼沟（鱼坑）** 养鱼田块应选择排灌方便、水源充足、水质良好的稻田。稻田的田埂要加高加固，田埂加高至 40～50 cm，田埂顶宽要求达到 35～40 cm，并要夯实，这样才有利于稻田养鱼后提高水位，也可以防止漏水、倒埂、跑鱼等现象。稻田中要开好鱼沟和鱼坑，鱼沟可根据田块的大小，选择"口""井"或"工"字形。鱼坑一般开在田的两端，小块田可设在田中间，鱼坑呈长方形，深 0.8～1 m，水稻施用化肥、农药或搁田时，既可作为田鱼暂养或躲避的场所，当水温增高和骤降时，也可作为田鱼避暑、御寒场所。

（3）**施足基肥，适时移栽，适量投放鱼苗** 稻田养鱼要求重施基肥，约占总施肥量的 80%，每亩施腐熟的农家肥 500 kg，尿素 15 kg，过磷酸钙 25 kg，氯化钾 15 kg。稻田养鱼不宜使用碳酸氢铵。秧龄 20～25 d，5～6 叶时及时移栽，移栽时要求浅插，秧苗直立，每亩移栽 0.7 万～0.9 万穴（早熟组合要适当增加密度）。移栽后灌足水护苗返青，等水自由落干后灌第 2 次浅水，追施尿素 8 kg/亩促分蘖。孕穗期施尿素 5～8 kg/亩促大穗。水稻返青，进入分蘖期时，即可在鱼沟和鱼坑内放养田鱼，每亩投放鲤鱼 4～5 cm 夏花 0.1 万～0.13 万尾。放养时鱼苗较小，应及时补充鱼类精饲料，促进鱼苗生长。同时，还必须经常进行田间检查，防止田埂漏水跑鱼和消灭鱼类生物敌害，如蛇、鼠等。

（4）**科学用水，合理用药防病虫** 稻田养鱼，鱼能吃掉稻田中的部分害虫，起到生物防治的作用，必要时对主要病虫害选择高效低毒农药进行防治。喷施农药时必须掌握先加深田水，再喷施农药。喷施水剂，应在露水干后施用；喷施粉剂农药在早上露水未干时施用。喷施农药时喷头应朝上，防止药液直接喷入水中，对鱼苗造成危害，如发现鱼苗中毒，应立即换新水，稀释浓度，减轻农药对鱼苗危害。

（5）**捕获** 水稻收割前 15～20 d，缓慢排水，使田鱼随水游入田沟和田坑进行捕获，捕鱼时对鱼进行分类，较小的鱼苗放入备好的鱼塘进行饲养，作为翌年的鱼苗，较大的即进入市场作为商品鱼出售。

4. 农旅融合

在确保园区景观的完整性、原始性和生态性的基础上，增加了休闲观光、农事体验、户外自然课堂、农耕教学课堂等配套。依托景区、团建、研学活动，对游客开展农耕特色的劳动教育，为他们提供田鱼垂钓、摸田螺田鱼、野炊、喂小动物等活动。在此基础上，融入土特产的零售。

云和县农作物站 陈和义 毛金华

景宁「600」粮食模式

景宁"600"是区域公共品牌，也是海拔 600 m 以上生态食材贸工农一体化、产加销一条龙的服务平台。近年来，景宁畲族自治县致力于打造成长三角地区高端绿色农产品的供应基地，发展海拔经济，提升景宁农产品品牌整体影响力、公信力和溢价能力。

2017 年初，在山区景宁，一项高山上的景宁"600"计划的推行拉开了乡村振兴的序幕。与丽水山耕、三门青蟹等农业区域公共品牌不同，景宁"600"从一开始设计，就既是农业供给侧结构性改革的计划，也是一项乡村振兴的计划。计划的第一步，是对全县海拔 600 m 以上村庄里种类繁多的农产品进行统一包装、统一销售，形成品牌；第二步，打造县域技术服务、金融服务平台，实现农产品标准化生产，提升山区农业效率。让农村转化成为绿色空间，形成"一村一品"的生产格局，打造农旅融合大景区，则是终极目标。

"景宁600"经过 6 年的发展与积淀，融合了景宁的畲族民族特色、生产生活方式和生态环境优势，形成了独具特色的农业文化，为全县农民带来实实在在的收益。截至目前，"景宁600"已累计建成生态基地 11.7 万亩，打造系列产品 7 类 112 款，发展加盟企业 58 家，累计实现销售额 26.48 亿元（其中 2021 年 7.12 亿元），平均溢价率超过 35%，有效带动农民增收。粮食产业则是其中的主角之一，例如番薯全产业链、畲乡特色红米、稻渔共生等增收模式，持续给广大农民带来红利。2021 年，全县粮食播种面积 9.61 万亩、产量 3.65 万 t、产值 1.12 亿元；种植的粮食种类主要有水稻、番薯、马铃薯、大豆、玉米等旱粮作物。

1. 番薯全产业链

番薯产业是畲乡景宁的传统产业，2021 年，全县种植面积 1.2 万亩，畲汉同胞靠山吃山，番薯既可新鲜销售，也可加工成番薯面（地瓜面）和番薯干等，是畲乡传统农产品，如今通过提升加工技术、产品营销和品牌宣传，番薯面已漂洋过海、远销欧盟，小小番薯成为乡村振兴的重要产业。

2. 畲乡特色红米

景宁红米以赤峰稻为代表，俗称"赤皮稻"，为景宁地方稀特水稻品种，是浙江省优质的种质资源之一，具有耐贫瘠、耐冷水、长芒、品质优等特点，全县适宜种植赤峰稻的面积约 1.2 万亩。

3. 稻渔互利共生

景宁稻田养鱼有 1 000 多年的历史，这是种植业与养殖业有机结合的一种生产模式，大幅提高了稻田产出率，是农业增效、农民增收的有效途径。田鱼为水稻除草食虫和保肥施肥，水稻为田鱼遮阳提供食物，相互促进生长，形成一种和谐共生、自我平衡的生态系统。除了稻鱼共生模式外，还逐渐形成稻螺、稻鳖、稻鳅、稻蟹等模式，把水产养殖与种植业生产这两种完全不同的技术通过稻渔共生模式结合起来，实现了 1+1>2 的效果。

◈ 二、产量效益

1. 番薯全产业链

景宁以单季番薯种植为主，也有部分双季小番薯栽培。淀粉类番薯亩产量 2 000 kg 以上，以收购价 2 元 /kg 计，亩产值 4 000 元以上；2 000 kg 番薯可加工成番薯面 300 kg，番薯面批发价为 30 元 /kg，通过番薯加工，亩产值提高到 9 000 元。

2. 畲乡特色红米

赤峰稻亩产量为 300 kg 左右（加工后赤峰米亩产量为 210 kg），赤峰米批发价为 16 元 /kg，种植赤峰稻亩产值 3 360 元。

产业链	作物	产量（kg/亩）	产值（元/亩）	净利润（元/亩）
番薯	番薯	2 000	4 000	2 450
	番薯（加工为番薯面）	300	9 000	5 720
红米	红米	210	3 360	1 860
稻渔	水稻	450	1 890	590
	鱼	50	4 000	2 170

3. 稻渔互利共生

以稻鱼共生为例，以平均亩产稻谷 450 kg、田鱼 50 kg，稻谷 4.2 元 /kg、田鱼 80 元 /kg 计，亩产值可达 5 890 元。

4. "景宁600"品牌营销

近年来，景宁"全力打造'景宁600'开辟山区高质量绿色发展共同富裕新路径"，入选浙江省缩小地区差距典型案例。"景宁600"品牌营销模式内涵有：一是构建有特色的"景宁600"产品体系，加强富民产业培育、构建产品标准体系和推动生态价值赋能；二是构建更完善的"景宁600"经营体系，搭建产销对接平台、形成企业抱团合力和创新利益联结机制；三是构建更完整的"景宁600"营销体系，深化山海协作模式、拓展线上营销渠道和激活景商销售动能；四是构建更全面的"景宁600"服务体系，实施政策"滴灌式"支持，建立金融"杠杆式"帮扶和探索服务"数字化"集成。

◈ 三、茬口安排

1. 番薯全产业链

（1）小番薯生产　小番薯可进行双季栽培，第一季在2月下旬开始育苗，4月初移栽，6月下旬可上市。第二季6—8月均可移栽，11月上市。双季栽培法亦可在第一季番薯采收前，在畦边套插薯苗，待第一季采收时，把挖掘的泥土盖在新插薯苗旁即可成为第二季番薯畦。

（2）大薯生产　一般在4月上中旬至6月下旬进行移栽。

2. 畲乡特色红米

适宜在海拔800 m以上山垄田种植，田块肥力不能太高，否则易倒伏，肥力中等或偏低田块种植更为适宜。一般在4月10日左右播种，秧龄35 d左右，5月中下旬移栽，9月下旬至10月上旬收割。

3. 稻渔互利共生

4月中下旬育秧，5月下旬至6月上旬移栽，9月下旬至10月上旬收割；田鱼一般在6月中旬放养，水稻收割前后捕获，或分批上市或贮塘续养。

◆ 四、关键技术

1. 番薯全产业链

（1）育苗技术　在2月下旬开始育苗，也可适时早育，品种以心香、浙薯13等浙江省主导品种为宜；选择无病虫害、无机械损伤、重量150～300 g的种薯，排种前用80%"402" 2 000倍液浸种5 min；选择避风向阳、肥力较好、管理方便的地块做苗床；薯块排种斜放，排好后覆土3 cm，然后搭棚盖膜；种薯萌发后追施氢肥1次；苗高10～13 cm时用人粪尿或复合肥加水第2次浇施；苗长15 cm以上、有5～7张大叶时可以剪苗扦插，每剪1次苗，浇水施肥1次。

（2）大田栽培管理　整地和扦插，浙薯13等长蔓型品种，宜大垄单行稀植，株距30～40 cm，亩栽2 200～3 000株；心香、浙薯33等短蔓品种，宜大垄双行稀植，株距30～40 cm，双行交叉种植，亩栽3 200～4 400株。第1次中耕除草在薯苗开始延藤时进行，以后每隔10～15 d进行1次，共2～3次；在生长中后期选晴天露水干后进行提蔓，其次数和间隔时间以防止不定根的发生为准。总体要求是多施有机肥，增施钾肥，少施化肥，以确保其品质和食味。病害虫防治主要是要加强防治地下害虫，以防止薯块出现虫斑而影响产品的商品性。收获时间要根据当地气候、品种特点、市场需求来确定，一般扦插后90～100 d即可收获，最迟收获期在降霜之前。

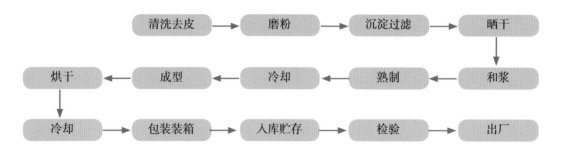

2. 畲乡特色红米和稻渔共生模式（以稻鱼共生为例）

（1）垄畦法栽培水稻　养鱼稻田应选择水源充足、排灌方便、保水力强的稻田。改变原来平板式稻田做法，在水稻移栽前做成宽2～2.5 m的垄畦，沟宽25～30 cm，鱼沟宽1～1.5 m、深50～80 cm，每亩田在进水口处留大小10～15 m²、深1～1.5 m的鱼坑，为鱼苗生长创造良好的水体环境。水稻按一般种植方式进行管理，但要避免施用对鱼苗生长不利的农药。

（2）加高、加固、加宽田埂　田埂高60～70 cm、宽60～80 cm，稻田进出水口筑铁丝网、竹篾等材料做成的拦鱼栅，防止逃鱼与野杂鱼等进入稻田。挖好鱼沟、鱼坑，并做到垄畦沟、鱼沟与鱼坑相通，以增加鱼的活动水体。

（3）做好稻田消毒及施肥工作　稻田消毒主要是预防鱼病的发生。开挖鱼沟、鱼坑前稻田保持水深 4～6 cm，每亩用 50 kg 生石灰遍洒消毒 1 次；8～10 d 后，结合开挖鱼沟、鱼坑，每亩施有机肥 150~250 kg、磷肥 40 kg；插秧前 2～3 d，再每亩施尿素 5 kg 或碳酸氢铵 15 kg。

（4）做好鱼种的放养工作　放养时，用 20～30 g／L（2%～3%）食盐水浸洗 10 min。鱼种应在秧苗返青后投放。每亩可放养体重 50 g 以上的鲤鱼苗 100～150 尾、草鱼苗 50～70 尾，或放养寸片鱼苗 600～800 尾，放养比例为鲤鱼 60%～80%、草鱼 20%～40%。

（5）精养重管　饲养管理是提高稻田养鱼产量的关键。在养鱼过程中，主要应注意以下几个方面：投饵与施肥，根据天气、水的肥度、鱼类大小及活动情况投喂精、青饲料，做到定质、定时投喂，投饵量为鱼类放养量体重的 5% 左右；要根据水稻生长和鱼类饵料生物生长的要求，适时、适量追施有机肥或无机肥；适时调节水深，随着鱼类的生长，应逐步加深水位，以扩大鱼类的活动空间，以利生长；应多灌活水，保持田水清洁；注意防逃，对养鱼稻田应经常巡查，特别是在大雨时更应日夜查看，以防逃鱼；做好防暑降温工作，由于稻田水浅，酷暑时水温有时达 38～40℃，所以必须及时灌水降温。认真做好鱼病防治工作，保证鱼类顺利生长；防治水稻病虫害时，应注意对鱼类采取保护措施，防止鱼类中毒死亡。

景宁畲族自治县农业农村局　章道周　夏建平

遂昌县番薯全产业链模式

◆ 一、基本情况

遂昌县山区土壤土质疏松，很适合番薯的生长，遂昌县番薯种植历史悠久，主产区黄沙腰镇有 65% 的农户从事薯粗加工，15% 的农户家庭主要收入来源于此。直接售卖鲜薯效益不高，再加上许多种植番薯的村交通不便，新鲜番薯销售困难，遂昌县依托当地得天独厚的生态优势，把发展番薯产业链作为促进农业增效和农民增收的渠道之一，将鲜薯加工成薯条再进行销售。如今，遂昌薯条行情一路看"涨"，已成为当地的"黄金"产业，产出的薯条香甜可口、软糯弹牙，麦芽糖的风味回味悠长。为使薯条上规模上档次，确保生产所需的优质原料，遂昌县积极引导农户对土地进行改良，落实了 3 500 亩番薯原料基地，全面实施无公害生产，推广新品种。据统计，2021 年遂昌县制作番薯干的鲜薯种植基地面积有 7 500 亩，年产番薯干产量达 375 万 kg，产值超 8 000 万元。

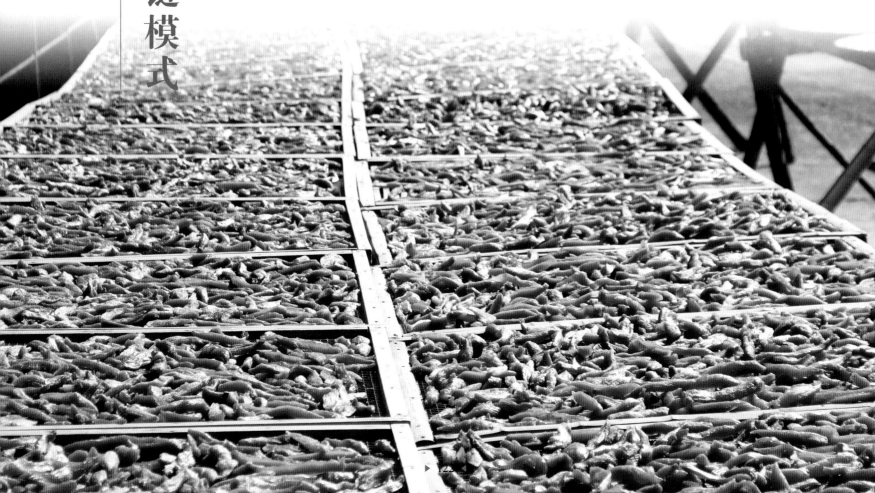

◆ 二、产量效益

以遂昌县主要种植的番薯品种浙薯 13 为例，亩均产量可达 2 500 kg，在遂昌县农村，鲜薯上门收购价在 1 元 /kg 左右，而每 100 kg 鲜薯可制成 25 kg 薯条，可卖出 30 元 /kg 的价格。

表 产量效益

种类	产量（kg/ 亩）	产值（元 / 亩）	净利润（元 / 亩）
番薯	2 500	2 500	1 000
薯条	350	18 750	7 500

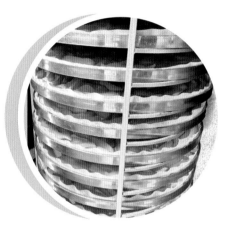

◆ 三、茬口安排

为了适应提早种植的需要，利用大棚、小拱棚、酿热温床等方法提早播种，提早出苗。播种时间一般在 3 月下旬，若用大棚或酿热温床，可以提早到 3 月初。大田种植时间一般在 4 月下旬至 6 月上旬，提早种植则是 4 月下旬至 5 月初栽种，必须采用地膜覆盖。

◆ 四、关键技术

1. 番薯种植技术

（1）品种选择　近年来，为提高遂昌薯条的品质和产量，遂昌县推广了浙薯13等适宜于薯条加工的番薯新品种，因其淀粉含量高、水分少、在温差大的山区糖化速度快等特点，迅速取代了舟农白皮等老品种，开始大面积种植，成为遂昌县主导的番薯新品种。

（2）覆盖地膜　4月下旬至5月初采用地膜覆盖，种后马上盖膜，土壤干燥可等雨后土壤潮湿时盖膜，地膜周边用土压紧压实。一般气温在25℃以下时，苗可以在膜下3～5 d后露苗，这时苗基本成活，破膜露苗后，用细土封口。

（3）鲜薯贮藏　准备中期贮藏的番薯最好在气温18℃左右的天气收获，利于避免高温养分消耗、低温伤口难愈合等不利贮藏因素。根据浙江省的气候，10月下旬至11月上旬，连续天晴天气下收购的鲜薯进行贮藏为好，入库前用石灰或甲醛进行仓库消毒。

2. 薯条生产产业链模式

（1）薯条生产规范化、工厂化模式　以遂昌县石练镇金色食品有限公司为例，这是一家专做番薯加工的厂。最初，他们从农户手中收购半成品做真空包装、杀菌，但每个农户的制作工艺都有差异，收购来的粗加工品水分、色泽、厚度不一，产品质量很难保持，于是联合浙江省农业科学院的专家一起研究工厂化的烤薯加工工艺。如今，自主研究、定制的烤薯机械化加工流水线已投入使用，薯饼烘烤过程中不再需要人工翻面，实现24 h不间断地烘烤，整个生产流程缩减到36 h，而作为核心成员的十几位技术工人在日常的加工环节中不断改善自己负责的环节，使工厂化生产品质与手工加工品质更为接近。

（2）薯条销售平台打造　积极与浙江赶街电子商务等电商平台开展合作，打造电商线上销售平台，为电商达人和农户搭桥牵线，达成网络电商销售合作协议。同时，线下与赶街村货村民直卖店、遂昌垂柳特产店、遂昌畲寮土特产经营部等销售主体签约，建设线下指定销售门店，保障薯条生产销售流程通畅。

（3）升级产品包装　相较以往的塑料袋等简易包装，此次赶街针对番薯条包装全面升级，采用PP食品级包装盒，结合食品专用的杀菌消毒以及充氮保鲜等技术，大大提高番薯条的产品综合竞争优势，改变了番薯条销售渠道单一的局面。

遂昌县农业农村局　王杰　练泽华

◈ 一、基本情况

缙云县小麦种植历史悠久，20 世纪 80 年代小麦年播种面积达 6 万~8 万亩，目前播种面积稳定在 1 万亩左右。近年来，随着"缙云土面"产业的开发和品牌建设，逐步形成了小麦生产、土面加工及销售的小麦产加销全产业链，不断增加附加值。长期以来，缙云小麦播种品种以浙麦 1 号（908 小麦）为主，该品种是 20 世纪 70 年代由浙江省农业科学院育成，其品质好，有特殊的麦香味，2021 年缙云县种植面积为 0.79 万亩，总产 0.15 万 t。

缙云爽面又称土面、索面、土爽面，是缙云县传统的特色面食、土特名产，一直以来为缙云人民所喜爱。1 000 多年前，勤劳智慧的缙云人创造了缙云土面。长期以来，缙云土面与缙云人的生活紧密相连，已经成为缙云人记忆中的一部分，并在缙云县的民俗史上留下了属于自己的特殊印记。《缙云县志》中有记载"拜年上门，先喝茶，吃糖果，随后吃索面卵。"这段文字中的"索面卵"，就是指缙云土话中的缙云土面加鸡蛋。历经沧海桑田的变迁和岁月之河的冲刷，缙云土面，这么一种看上去朴朴素素的地方风味食品，直至今天，依然活跃在老百姓的生活中，且有越来越受更多人喜爱的趋势。

缙云爽面选用优质 908 小麦面粉与高筋面粉按 1∶1 配比，再以古法传承制作，通过和面、发酵、手工拉制、晾晒、裁剪等传统工艺生产，产品呈淡褐色，微咸，外形均细、整齐美观，富含对人体有益的各种微量元素，口感爽滑细腻，醇香宜人，令人回味无穷。2021 年缙云爽面生产量超 1 000 万 kg，产值达到 2.4 亿元，纯利润 5 000 多万元，从业人员达 7 000 多人，已逐步发展为乡愁富民的大产业。培养了一批专业人才，其中，高级缙云爽面师傅 20 人，中级缙云爽面师傅 42 人；目前有爽面合作社 9 家、小作坊 8 家，通过 SC 认证企业 4 家。缙云爽面先后获得"中餐特色小吃""浙江十大农家特色小吃"及"浙江名小吃"称号，3 年荣获浙江省农博会优质农产品金奖，并成功注册国家地理标志证明商标。

◆ 二、产量效益

908 小麦平均亩产 200 kg，按小麦干粒 4.4 元 /kg 计，亩产值可达 880 元，扣除亩成本 690 元，亩纯收入 190 元。按照 1 ∶ 1 比例添加，每亩小麦可以加工土面 320 kg，单价 24 元 /kg，扣除成本 5 120 元，纯收入 2 560 元。

◆ 三、茬口安排

小麦在 11 月播种，翌年 5 月上中旬成熟收获，后茬接种水稻、番薯、玉米等其他粮食作物。小麦收获后要及时晒烘以防霉变，确保质量，安全储藏或进行加工。

◆ 四、关键技术

表 1　产量效益

种类	产量（kg/ 亩）	产值（元 / 亩）	净利润（元 / 亩）
小麦	200	880	190
土面	640	7 680	2 560

表 2　茬口安排

作物	播种期	收获期
小麦	11 月	翌年 5 月上中旬
水稻、番薯、玉米	5 月中下旬至 6 月中旬	10—11 月

1. 小麦生产技术

（1）选用良种，适期播种　选择籽粒饱满的 908 小麦种子，播种时间宜在 11 月上旬，11 月下旬播种基本结束，力促冬前壮苗，亩播量 7.5 kg。播种前先深翻土壤进行整地，保证透气性，并施入腐熟的有机肥，搭配少量复合肥，为小麦生长提供养分，注意将土壤和肥料结合，然后均匀地撒播小麦种子，并覆上一层细土。

（2）水肥管理　播前亩施商品有机肥 150 ～ 200 kg、三元复合肥 25 ～ 30 kg。小麦种子出苗 1 个月后，需要施入适量的有机肥来提高小麦的生长速度，在生长后期结穗时，需要结合叶面喷肥和根外追肥来实现高产，根外追肥以复合肥为主，叶面喷肥以磷酸二氢钾、硫酸锌为主。施肥的过程中，要注意浇水，保持土壤湿润。

（3）病虫草防治　播前、播后选用无公害除草剂，及时做好杂草防除工作。经常进行田间巡查，根据病虫情报及田间发病情况，如蚜虫、白粉病、赤霉病及锈病等，选用对口的无公害农药进行防治。

（4）收获　关注天气变化，选择晴好天气收割。5 月上中旬小麦 9 成熟时收获，一般整个麦田 2/3 的麦穗发黄时，小麦蜡熟末期是最佳收获期，要及时收获。小麦过于成熟，不但籽粒会自然脱落而减少收成，同时也影响后季作物的生产。

2. 土面加工技术

（1）和面　面粉、水、食盐比例，一般按 50 kg 面粉、25 kg 水、1.5 ～ 2 kg 食盐的比例，先将水和食盐搅拌溶化后放入面缸，倒入面粉，进行充分搅拌，反复搓揉成表面光滑的面团。

（2）第一次发酵　将揉好的面团放入面缸，盖上棉布，进行约 30 min 的第 1 次发酵。

（3）搓条　将已发酵的面团取出，放在撒番薯淀粉的面床（板）上，擀压成厚薄均匀的圆饼状；用刀划成大条，然后用手工搓成直径 4 ～ 6 cm 大小条状；放入大盆用棉布盖好进行约 30 min 的第 2 次发酵；用手工搓成直径 1 ～ 2 cm 大小细条盘绕存放在大盆内，用棉布盖好，进行约 30 min 的第 3 次发酵。

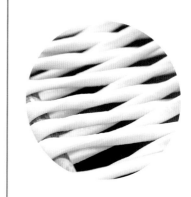

（4）上条　用两根面筷一端固定在面机头上，将细条呈交叉状环绕到面筷上，取下面筷放入面柜，进行第 4 次发酵，待面条有一定的韧性时进行第 1 次拉伸。

（6）晾晒　完成拉面后，进行风干或晾晒，直至干燥。

（7）裁面　将干燥的干面条剪去两端面头，裁成长 25 ～ 28 cm、重 0.25 ～ 0.5 kg 的小捆。

（5）拉面　取出绕在面筷上的面条，用其中一根面筷固定在面架上，用手轻拣另一根面筷，以进二退一的手法拉伸至 20 ～ 30 cm 长度；放入面柜进行 10 ～ 30 min 的第 5 次发酵；待面条因重力自然拉伸至长 60 ～ 70 cm 取出；其中一根面筷固定在面架上，用手拉住另一根面筷，以进二退一的手法将面条拉伸至 1.3 ～ 1.5 m，两根分面筷进行分条，将面条拉伸至 1.8 m 的长度，形成粗细均匀的细面条。

缙云县农作物站　徐波　周子奎

缙云县浙贝母——水稻轮作模式

◈ 一、基本情况

浙江磐安到缙云的好溪流域，沿溪两岸形成了大面积的冲积土，经过农民多年的管理培育，田块土层深厚、疏松肥沃、排水良好，加之温光条件适宜，使得该地适宜"浙八味"中大多数的中药材生产，尤其是浙贝母生产已有悠久的历史。近年来，农民"什么来钱种什么"的理念不断深化，稳定粮食面积难度逐步加大，政府要稳粮和农民要赚钱的矛盾日益凸现。为有效缓解这种矛盾，基层农技部门加大对农作制度创新和实践，开展了水、旱轮作和粮、经轮作模式试验示范，其中，浙贝母——水稻轮种模式以其简单易学、稳粮增效的特点在浙江缙云、磐安一带得到较大面积推广应用。目前，缙云县浙贝母——水稻轮种面积 3 000 亩左右。浙贝母——水稻轮种是药粮兼顾的高效栽培模式，经过几年的探索实践，栽培技术逐渐成熟。该技术利用各种农作物的不同生产周期，合理利用土地资源，环环相扣，大大提高了单位土地产出率，既提高了农民收入，又稳定了粮食生产，真正达到了"千斤粮万元钱"的目的。

◆ 二、产量效益

浙贝母鲜品产量可达 1 050 kg/ 亩，产值 1.68 万元 / 亩，用种量 350 kg/ 亩左右，种子成本 0.7 万元 / 亩，再扣除其他成本费用 0.2 万元 / 亩，利润 0.78 万元 / 亩。可收稻谷 550 kg/ 亩，产值 1 900 元，利润 0.02 万元 / 亩。两季作物总产值 1.87 万元 / 亩，净收益 0.8 万元 / 亩。

表　浙贝母—水稻轮作模式产量效益

种类	产量（kg/ 亩）	产值（元 / 亩）	净利润（元 / 亩）
水稻	550	1 900	200
浙贝母	1 050	16 800	7 800
合计	—	18 700	8 000

◆ 三、茬口安排

10 月中下旬至 11 月上旬在单季稻收割后尽早进行免耕或翻耕作畦播种贝母，翌年 5 月贝母采收，然后及时灌水翻耕待插秧。水稻 5 月 12—20 日播种，选用优质高产中迟熟杂交水稻品种，规模生产户可推广机械化育秧，秧龄 20 d 左右进行机械化插秧。小规模生产户提倡采用旱育秧，旱育秧移栽秧龄 20 ～ 28 d。

◆ 四、关键技术

1. 浙贝母种植技术

（1）种子准备　选择商品性好，生育期适中且产量高的优良品种，如浙贝 1 号等，并选用大小均匀，无病虫，无损伤，具有两个芽，直径 3 ～ 4 cm 的鳞茎作为种子。

（2）整理田块　田块要求土层深厚、疏松肥沃、排水良好、阳光充足的沙质土壤，以河流、山脚、溪两侧的冲积土为宜。晚稻收割后及时进行田块翻耕整理。播前施土杂肥料 2 000 kg+ 饼肥料 200 kg+ 钙镁磷肥 50 kg 或焦泥灰 500 kg/ 亩作基肥，深翻入土，犁好耙平做成微显龟背形畦面，畦宽 1.2 m，沟宽 0.3 m，四周开辟水沟，以利排水防渍。也可以采取免耕栽培法，即在单季稻收割后的硬板田不翻耕，直接作畦，畦宽 1 ～ 1.2 m，沟宽 0.4 m。

（3）播种方法　10月中下旬播种，前季作物收获早的可在9月下旬种植，最迟10月底前完成播种。新生产地域可根据鳞茎生长情况进行判断，当个别鳞茎根已伸出鳞片时，表明到了下种季节。从气温来看，当气温达到22～27℃时即可下种。采用宽畦条播，沟深8～12 cm，不宜过深或过浅，一般种子大的和靠畦边的适当深播，种子小的和畦中间的适当浅播。播时将芽头向上，边放种边覆土10 cm左右，行株距为（20～25）cm×（15～20）cm，亩种15 000～17 000穴，亩需种子350 kg左右。覆土后畦面覆盖稻草或其他农作物秸秆，再把沟内土壤清理到秸秆上面，防止被风吹而散落。

（4）田间管理　浙贝母不宜中耕，12月中旬宜用除草剂进行一次除草。翌年春季要勤拔小草，一般进行3次。2—4月需水较多，如果此时缺水，植株生长不好会直接影响鳞茎的膨大，影响产量。整个生长期水分不能太多，也不能太少。如遇干旱天气，可于晚上进行沟灌，翌日清晨排出积水；雨水过多时，要及时清沟排水。收前一周不要浇水。追肥为冬肥、苗肥、花肥3次进行。浙贝母地上部生长期仅有3个月左右，肥料需要期比较集中，仅是出苗后追肥不能满足整个生长的需要，而冬肥能够满足整个生长期源源不断地供给养分，因此，施冬肥很重要，冬肥用量大，应以迟效性肥料为主。在重施基肥的基础上，12月浇施1 000 kg/亩人粪尿，2月上中旬齐苗后施10 kg/亩尿素，3月中下旬摘花打顶后再施1次速效肥促鳞茎膨大。为了使鳞茎养分充足，花期要摘花，选择晴天将顶端6～10 cm的花穗摘除，不能摘得过早或过晚，现花2～3朵时采摘较适宜。

（5）采收加工　播后翌年5月中上旬，当茎叶枯萎后立即采收，不宜过早或过晚，收后放室内摊开晾晒，以防发酵。选择无病虫、大小均匀浙贝母做种子后，及时将其他贝母进行加工。提倡无硫切片烘干，禁止采用硫磺熏蒸。加工前洗净鳞茎上的泥土，除去杂质，沥干水。将鳞茎按大小分档。对大个鲜浙贝母用手工或切片机切成片，厚度为2～4 mm。将浙贝母片均匀摊在烘筛（垫）上，厚度2～4 cm，放入烘干机内，加热并打开风机开始除湿。随着时间的推移，温度逐渐升高，稳定在50～60℃（根据不同的机型，注意设定好预热阶段、等速干燥阶段和降速干燥阶段的温度，以及进排气口和循环风口时间的调节或设定），烘至用手轻压易碎（含水量≤13%）即可。天气晴好，将鲜贝母片均匀摊在垫上，在太阳下晒干。待冷却后，装入薄膜袋或其他包装容器内，密封干燥储存待售。

★ 病虫害防治

灰霉病：真菌病害。发病后叶片上首先出现淡褐色的小点，逐渐扩大成椭圆形或不规则形病斑，边缘有明显的水渍状，不断扩大形成灰色大斑；花被害后，干缩不能开花，花柄绞缢干缩，呈淡绿色。一般在3月下旬至4月初开始发生，4月中旬盛发，为害严重。本病以分生孢子的形式在病株残体上越冬或产生菌核落入土中，成为翌年初次侵染的来源。防治方法是浙贝母收获后，清除被害植株和病叶，最好将其烧毁，以减少越冬病原；发病较严重的土地不植重茬；加强田间管理，合理施肥，增强浙贝母的抗病力；发病前，在3月下旬喷施1:1:100的波尔多液，7～10 d喷1次，连续喷3～4次。

黑斑病：真菌病害。发病从叶尖开始，叶色变淡，出现水渍状褐色病斑，逐渐向叶基蔓延，病部与健康部有明显界限，一般在3月下旬开始发生为害，直至浙贝母地下部枯死。如在清明前后春雨连绵则受害较为严重，浙贝母黑斑病以菌丝及分生孢子的形式在被害植株和病叶上越冬，翌年再次侵染为害。防治方法同灰霉病。

软腐病：细菌病害。鳞茎受害部分开始为褐色水渍状，蔓延很快，受害后鳞茎变成糟糟的豆腐渣状，或变成黏滑的"鼻涕状"；有时停止为害，而表面失水时则成为一个似虫咬过的空洞。腐烂部分和健康部分界线明显。表皮常不受害，内部软腐干缩后，剩下空壳，腐烂鳞茎具特别的酒酸味。防治方法可选择健壮无病的鳞茎作种；如起土贮藏过夏的，应挑选分档，摊晾后贮藏；选择排水良好的沙壤土种植，并创造良好的过夏条件。药剂防治配合使用各种杀菌剂和杀螨剂，在下种前浸种。如下种前用20%可湿性三氯杀螨砜800倍加80%敌敌畏乳剂2 000倍再加40%克瘟散乳剂1 000倍混合液浸种10～15 min，有一定效果；防治螨、蛴螬等地下害虫，消灭传播媒介，防止传播病菌，以减轻为害。

干腐病：真菌病害。鳞茎基部受害后呈蜂窝状，鳞片被害后呈褐色皱褶状。感病鳞茎种下后，根部发育不良，植株早枯，新鳞茎很小。防治方法同软腐病。

虫害：主要害虫是蛴螬，蛴螬是金龟子幼虫，又名"白蚕"。为害浙贝鳞茎的主要是铜绿金龟子幼虫，其他金龟子幼虫也为害。蛴螬在4月中旬开始为害浙贝鳞茎，浙贝母夏期为害最盛，到11月中旬以后停止为害。被害鳞茎呈麻点状或凹凸不平的空洞状，似老鼠啃过的甘薯一样。成虫5月中旬出现，傍晚活动，卵散产于较湿润的土中，喜在未腐熟的厩肥上产卵。防治方法是冬季清除杂草，深翻土地，消灭越冬虫；施用腐熟的厩肥、堆肥，并覆土盖肥，减少成虫产卵；整地翻土时，拾取幼虫作鸡鸭饲料；下种前半月施石灰氮30 kg/亩，撒于土面后翻入以杀死幼虫；用90%晶体敌百虫1 000～1 500倍液浇注根部周围土壤。

缙云县农作物站　徐波

2.水稻种植技术

（1）品种选择　选用甬优 15 号、中浙江 8 号等增产潜力大、米质优、抗性好的品种。

（2）大田准备　5 月下旬，收获浙贝母后对田块进行翻耕整理。整田时施足基肥，即每亩碳酸氢铵 30 kg、过磷酸钙 50 kg、氯化钾 15 kg。移栽前一周整田待插，做到土肥充分相融，表土软硬适中，田面平整光洁无杂草，便于插秧和肥水管理。

（3）培育壮秧　土地平整且生产规模大的可采用机械化育秧，一般农户应选用旱育方式育秧。适期早播，要求各组合在 5 月 10—12 日播种，大田用种量 0.6 ~ 0.7 kg/ 亩。播前要进行种子消毒，预防恶苗病及其他种子带菌病害的发生，可用 25% 咪鲜胺乳油 1 500 倍液等浸种 16 ~ 20 h，后清水洗净，用 35% 丁硫克百威加吡虫啉拌种。播种时力求种子分布均匀。秧田整地前 7 d 用草甘膦杀灭老草，播种覆土后用丁恶合剂或 50% 丁草胺 100 ml 加水 50 kg/ 亩喷雾。移栽前 3 ~ 5 d 用尿素 7.5 ~ 10 kg/ 亩作起身肥。

（4）适时移栽　秧龄在 21 ~ 25 d，大多数达到三叶一心时进行移栽。移栽时，应剔除病弱苗，选取多蘖壮秧，采用宽行窄株方式进行栽插，栽足基本亩，1 万株左右 / 亩。要做到浅插匀插，以插入土 2 ~ 3 cm 为宜，既有利于促进分蘖早生快发，又有利于生育中后期株间通风透光，抑制病害发生，提高结实期光合强度，实现穗大粒多获高产。

（5）施好两肥　及时追肥，移栽 7 ~ 10 d 后及时施尿素 10 kg/ 亩。重施穗肥，生育中后期施用穗肥，能提高成穗率，促进壮秆大穗。叶色落黄早、群体小的适当早施重施，可施两次；群体过大，叶色偏深的旺长水稻，穗肥等叶色明显落黄时适量减施，一般施尿素 15 kg/ 亩，氯化钾 12.5 kg/ 亩。

（6）水浆管理　移栽至有效分蘖期浅水勤灌，80% 够苗期至拔节期多次轻搁田，搁田程度因苗而定。群体小、叶色黄要迟搁轻搁，群体适宜的在 80% 够苗时搁田，群体大，叶色深的要多次搁田，釉穗期间湿润间歇灌溉。

（7）大田除草　移栽后水田杂草种类很多，为害严重的有莎草、稗草等，可结合施分蘖肥，用 30% 丁苄可湿性粉剂 80 g / 亩，或用田草星 30 g/ 亩等除草剂拌肥撒施除，并保持 3 ~ 5 cm 水层 3 ~ 5 d。

（8）适时收获　穗部谷粒全部变硬，穗轴上干下黄，70% 枝梗黄枯，稻谷成熟度 90% ~ 95% 为水稻成熟标准，切莫割青而影响产量和品质。

松阳县多熟制模式

松阳县自然条件优越，有悠久的农耕历史，自古为处州（今丽水市）传统产粮县。21世纪以来，松阳县农业产业结构经历了战略性调整，粮食生产面临着严峻考验，生产效益低、种植面积下滑等问题突显。这种情况下，当地采取以市场为导向，大力发展以鲜食化品种为主的旱粮生产，优化种植结构，提高品质，提高商品化率，提高经济效益，取得了显著成效，为保持全县粮食播种面积稳定、促进农民增收、保障国家粮食安全发挥了重要作用。旱粮占松阳县粮食面积的比例大幅提高，形成了品种多样、布局科学、占比合理的良好格局。

"粮经多熟制"模式，是指采取间作套种为主充分利用资源，例如"蚕豆／春玉米—夏玉米—秋马铃薯（番薯）""鲜食蚕豆／春玉米—水稻"等模式，选用优良品种，采用高产优质和绿色防控等技术，实现增产、增效、扩面，提高农田综合效益。

◆ 二、产量效益

1."鲜食蚕豆 / 春玉米—水稻"三熟制

鲜食蚕豆 / 春玉米—水稻 一年 三熟模式，平均比对照（蚕豆—水稻）增效 2.475 万元 /hm²，增加 27%。

表　蚕豆 / 春玉米—水稻的茬口安排、产量与效益

作物	播植期	采收期	产量（t/hm²）	产值（万元 /hm²）	净利润（万元 /hm²）
蚕豆	10 月下旬	4 月下旬	10.875	6.525	4.125
春玉米	2 月下旬	6 月中旬	9.750	2.340	1.170
杂交水稻	6 月下旬	10 月中旬	8.625	2.760	1.260

注：杂交水稻于 5 月下旬播种，秧龄 30 d 左右，6 月下旬移栽。

2."蚕豆 / 春玉米—夏玉米—秋马铃薯（番薯）"四熟制

蚕豆 / 春玉米—夏玉米—秋马铃薯（番薯）一年四熟模式，平均比对照（蚕豆—夏玉米—秋马铃薯）模式增效 2.84 万元 /hm²，增长 21.2%。

表　蚕豆 / 春玉米—夏玉米—秋马铃薯的产量与效益

作物	播栽期	收获期	产量（t/hm²）	产值（万元 /hm²）	净利润（万元 /hm²）
蚕豆	10 月下旬	4 月下旬	11.250	4.86	3.78
春玉米	2 月下旬	6 月下旬	16.950	4.41	3.54
夏玉米	6 月下旬	9 月上旬	16.200	3.24	2.37
秋马铃薯	9 月上旬	11 月下旬	18.795	3.75	2.82

◆ 三、茬口安排

作物	播栽期	收获期
蚕豆	10 月下旬	4 月下旬
春玉米	2 月下旬	6 月下旬
夏玉米	6 月下旬	9 月上旬
番薯	7 月上中旬	12 月上旬

◆ 四、关键技术

鲜食蚕豆—春玉米—夏玉米—秋马铃薯四熟制粮经结合循环种植模式，是松阳县近几年发展的重要模式，其主要技术如下。

1. 蚕豆栽培技术

（1）选用良种 据试验"慈蚕一号"产量与"日本大白蚕"差异不大，但其荚型较大，3粒以上荚比例达41.1%，比同类荚型的"日本大白蚕"提高4.9个百分点，提高13.5%，而且品质优、商品性好、市场畅销。

（2）适时早播，合理稀植 蚕豆适时早播是充分利用冬前温暖气候促进分枝早发、建立高产群体的关键。松阳县蚕豆的适宜播种期为10月下旬至11月上旬。晚稻收割后，按畦连沟宽1.5 m开沟作畦，（或翻耕作畦）畦面宽1.1～1.2 m。在畦中间播种一行蚕豆，株距30～35 cm，每亩1 400株左右，每穴播1粒种子。出苗后及时进行查苗补缺。

（3）增施有机肥，配施磷钾肥 增施有机肥有利于蚕豆减轻连作障碍损失；磷肥能促进根瘤菌的活力，形成根瘤，增强固氮作用；钾肥能使茎秆健壮，增强抗病力。蚕豆出苗后每亩施复合肥（15-15-15）20～25 kg，有机肥500 kg，六七叶期每亩施复合肥（15-15-15）30～40 kg，促使幼苗早发，健壮生长。蚕豆开花结果期所需养分占全生育期所需养分的50%以上，如养分供应不足，就会导致花、果脱落增加，有效荚数和粒数减少，产量下降，适时施用花肥能增果增粒，有效提高蚕豆荚果产量。因此，在蚕豆现蕾和初花期，均应酌情施肥，一般每亩施复合肥30 kg或尿素8～10 kg，蚕豆打顶摘心后，每亩施尿素10～15 kg，提高蚕豆有效荚果率。同时，结合防病治虫在蚕豆花前、花后叶面喷施硼、钼肥和磷酸二氢钾2～3次。

（4）及时摘心抹芽，培育健壮有效分蘖　摘心是促进蚕豆分枝、早熟、早上市的一项主要栽培措施。第1次摘心在四五叶期，摘除主茎生长点，控制顶端优势，促使分枝早发。在2月中下旬每株选留8～9个健壮分枝，剪除弱小分枝，然后在蚕豆植株基部喷施"抑芽剂"，控制无效分枝的发生。第2次摘心在3月中下旬蚕豆结荚期进行，每个分枝留6～7个花节，摘除分枝顶端。蚕豆摘除顶尖控制植株高度，利于田间通风透光，控制大量养分向顶部输送，促进蚕豆早熟。同时，为后茬玉米套种提供适宜的空间环境。

（5）加强病虫的无害化治理　蚕豆的主要病害有根腐病、赤斑病、锈病和潜叶蝇、蚜虫等。土壤湿度大、植株群体间通透性差，是诱发病害发生的主要原因。因此，除了开沟排水、降低田间湿度、改善通气条件等农业措施以外，还应在翌年3月中下旬至4月上旬及时进行病害检查，若发现上述病情，及时选用对口农药进行防治，连喷2～3次，控制病害的蔓延。

2. 春玉米栽培技术

（1）品种选择　根据近年来市场销售和结合生产实践，鲜食春玉米以选用苗期抗寒性较强、品质优、产量高的甜（糯）玉米品种为宜，有利田间种植安排、提高产量和效益。

（2）播种育苗　选择背风向阳，土质疏松，肥力较好的田块，按每亩大田15 m² 做好苗床待播。每15 m² 苗床施腐熟有机肥10 kg加复合肥0.6 kg。在2月中下旬播种，播种后加盖小拱棚保温。出苗后注意天气变化，及时做好炼苗、防冻、防烧苗等工作，在3月气温稳定时揭膜。

（3）移植　春玉米3月中下旬移植，在畦两边各栽种一行玉米，株距35～40 cm，栽植密度每亩2 200～2 500 株。

（4）追肥　玉米是需钾量较大的作物，在施肥种类上要增施钾肥。一般在玉米移栽成活后每亩施复合肥（15-15-15）10～15 kg，有机肥每亩500 kg。蚕豆收获后将蚕豆秸秆放置玉米基部，每亩追施高氮高钾复合肥20 kg，并进行培土。大喇叭口期追施高氮高钾复合肥30 kg或尿素15 kg钾肥10 kg，齐穗后看苗补施尿素10～15 kg。

（5）病虫害防治　玉米病虫害主要是大小斑病、纹枯病、锈病和玉米螟、蚜虫及地下害虫蝼蛄等。要根据病虫发生情况及时选用对口农药进行防治，收获前20 d停止用药。

3. 夏玉米栽培技术

（1）**整理前茬玉米秸秆** 在春玉米收获后及时将前茬玉米秸秆砍下摆放在畦中间，施入尿素和氯化钾各15 kg作基肥，再在畦两边挖出移栽穴（沟），将基肥玉米秸秆埋入土中封严。也可以将玉米秸秆通过加工，用作奶牛饲料。

（2）**短苗龄移栽** 夏玉米一般选用甜玉米鲜甜5号，在春玉米收获前3 d播种，苗龄7 d左右移栽。栽植密度要比春玉米略密，每亩2 500株左右，移栽时要及时浇活棵水。

（3）**防干旱** 夏玉米栽培主要在高温季节里生长，玉米水分蒸发量较大，要防止土壤干旱缺水，如遇干旱要及时灌水抗旱。

（4）**巧施肥** 夏玉米生长期间温度高，玉米生长进程较快，肥料利用率较高，施肥要讲究及时适量，总施肥量一般可比春玉米减少10%左右，玉米移栽成活后每亩施复合肥20 kg促苗，中期看苗促平衡，大喇叭口期追施高氮高钾复合肥30 kg，抽穗后看苗补施尿素10～15 kg。

（5）**加强病虫害防治** 夏玉米生长期间温度高，病虫发生频率加快，要根据病虫发生情况及时做好防治工作。

4. 秋马铃薯栽培技术

（1）整理前茬玉米秸秆 夏玉米秸秆随着气温的下降，腐烂较慢，可以通过加工，用作奶牛饲料为宜，如季节时间有余，也可以将玉米秸秆通过翻耕埋入沟中作基肥。

（2）选用小整薯适时播种 秋马铃薯播种期间温度较高，种薯一般不提倡切块播种，选用 30 g 左右的中薯3 号等品种小整薯做种薯。

秋马铃薯生育期短，播种后 70 d 左右即可收获，一般在 9 月上中旬播种为宜。在畦两边深开播种沟，按株距25 ～ 30 cm 在播种沟中摆放种薯，每亩播种不少于 3 000 株。在种薯株距间每亩施高氮高钾复合肥 25 ～ 30 kg，用 500 kg 泥灰或腐熟有机肥盖种。

（3）清沟培土，防青皮薯 秋马铃薯出苗后结合清沟，用沟中淤积的泥土进行培土。结合培土每亩施高氮高钾复合肥 25 ～ 30 kg。10 月下旬在畦中间套播蚕豆进行下一轮循环，蚕豆出苗后，将马铃薯经叶翻向靠沟一边。

（4）防治病害 秋马铃薯病害主要有青枯病、晚疫病等。当田间出现零星发病时，及时拔除病株，减少再次侵染，喷施甲霜灵锰锌等药剂进行防治。

（5）适时收获 在 11 月下旬马铃薯植株退色转黄，即可根据市场行情逐步收获上市。

松阳县种植业管理站 *梁丽梅 徐永健*

松阳县油菜—大豆「双油」全产业链模式

油豆腐是传统客家美食，也是大东坝镇传统产业。石仓油豆腐以其工艺独特、产品品质优良而远近闻名，深受消费者喜爱。近年来，在政府部门积极引导下，当地积极开展籽粒大豆种植，围绕石仓油豆腐主导产业开发和深化运营，取得了良好的经济效益，在发展粮食生产、提高种粮效益的同时，带动了经济发展、农民致富和乡村振兴，松阳县晓英家庭农场就是其中的佼佼者。

松阳县晓英家庭农场成立于2016年5月。自有基地106亩，全部通过抛荒耕地复耕恢复，采用油菜—大豆复种模式，减少山区耕地抛荒，作出了良好的示范。几年来，通过"复种粮食＋加工"模式取得了良好效益，周边农户纷纷效仿，促进了传统产业的快速发展。

应用"双油"模式，实现肥药双减。基地及周边农户大面积采用油菜—大豆"双油"种植模式，充分发挥十字花科与豆科作物不同需肥特性，兼顾用地、养地。菜籽油用于加工油豆腐，榨油后的菜籽饼、加工产生的部分豆渣、秸秆都是优质的有机肥，秸秆草木灰的使用还对油菜灰霉病、菌核病等起到很好的预防效果。该生产模式于2021年被列入丽水市"对标欧盟、肥药双控"十大经典模式，在"丽水三农"专栏节目中播出，起到良好的宣传效果，吸引了大批游客前来观光油菜花、购买油豆腐，融入松阳石仓古民居旅游，赋予民居游新的内涵。

农场积极改进工艺包装，做全产业链条，以新工艺结合新品种的高蛋白特性，打造口感、风味俱佳的油豆腐产品，同时申请并应用了包装袋、手提袋等外观设计专利，注册了水墨石仓、水墨西施等6个商标，在油菜种植—榨油—大豆种植—豆制品加工—包装销售等全产业链建设上做足做好文章，实现油豆腐年销售超百万元，走出了一条乡贤回归开荒复垦种植基础农产品，并实现产品增值，彰显良好社会效益与生态效益的成功道路，成为乡村振兴的突出典型。

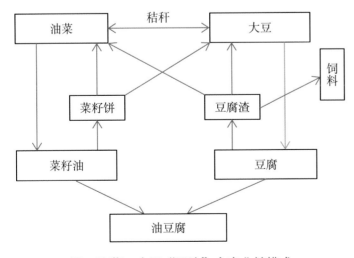

图 油菜—大豆"双油"全产业链模式

◆ 二、产业效益情况

2019—2020年，在松阳县大东坝镇蔡宅村建示范方2个，面积212亩。2020年，籽粒秋大豆最高亩产213.1 kg，获得浙江农业之最籽粒大豆最高亩产纪录（新创）；籽粒秋大豆百亩示范方亩产195.33 kg，获得浙江农业之最籽粒大豆百亩示范方亩产最高纪录（新创）。仅大豆种植一项，亩均增产30 kg以上，亩均增收500元以上，增收超过5万元。带动周边基地1 000余亩，以亩均增收300元的保守估算，基地每年增收共30万元。通过实行秸秆还田，减少农药化肥使用，采取订单生产扩大面积，提高农民科学技术水平，产生了较好的生态效益和社会效益。同时，发展石仓油豆腐加工业，年销售额超过100万元，带动地方油豆腐生产销售500万元以上。当地依托大豆生产基地，建设石仓豆腐工坊，开展豆腐DIY加工、研学体验、民宿餐饮服务，年接待客人超2万人次，促进了乡村旅游业发展。

◆ 三、茬口安排

大豆：5—6月播种，9—10月适时收获。
油菜：9月底至10月初育苗，11月初移栽，翌年5月收获。

◇◆ 四、关键技术

1. 优选良种，适时早播

选用浙秋 5 号和浙鲜 84，每亩保证苗数 1.3 万～ 1.5 万株。

2. 精准播种

深沟开畦，畦宽 1.2 m（连沟），采用穴播的方式，行距控制在 40 cm 左右，穴距控制在 25 cm，每穴 2 株。

双垄种植技术，即在两垄大豆间加入 1 条沟带的方式，对照为种四垄大豆 1 条沟带的方式，发现双垄种植的大豆长势长相明显好于四垄种植的方式。双垄种植模式病虫害少，相同情况下可少打 2 次药。各收获了 20 m² 进行测产，双垄种植的产量为 6.38 kg，折合 212.77 kg/ 亩；四垄种植的产量为 5.85 kg，折合 195.09 kg/ 亩。因此，双垄种植较好。

3. 科学施肥

前足后补、以基肥为主。具体每亩用 20 ～ 25 kg 复合肥作基肥或者农家有机肥为主，于播前整地时施入；每亩用 25 kg 钙镁磷肥拌 500 kg 土杂肥作盖种肥；初花期视苗情每亩追施尿素 3 ～ 5 kg，结荚期用 2% 过磷酸钙澄清液每亩用 40 ～ 50 kg，钼酸铵 0.05% 浓度稀释液每亩用 30 ～ 40 kg，两者混合喷于叶面。

4. 病虫害防治

播种后喷施除草剂（乙草胺）防治杂草。苗期注意防治大豆花叶病毒病；加强豆夹螟、斜纹叶蛾、叶斑病、炭疽病等的防治。

5. 田间管理

在三叶期及时间苗、定苗，一般定苗密度为每亩 7 500 株，定苗后每亩及时追施尿素 6 ～ 8 kg。及时中耕除草并结合培土，一般中耕除草 2 ～ 3 次。

6. 适时收获

在大豆自然落叶 90% 以上时，采用土法田间直收，田间综合损失率小于 1%。

松阳县种植业管理站　梁丽梅　徐永健

松阳县水稻『双强』模式

◆ 一、基本情况

松阳县为浙江省粮食生产重点县,自古就流传"松阳熟,处州足"的民谣,有"处州粮仓"的美誉。近年来,当地围绕提高粮食综合生产能力,深入实施"藏粮于地、藏粮于技"战略,强化责任落实,加大政策激励,创新工作机制,通过政府推动、政策拉动、流转驱动、示范带动、服务促动等措施,促成了粮食生产平稳发展。

松阳人均耕地不足 1 亩,"千家万户"型的农业生产经营模式制约了粮食生产先进科学技术应用和农业机械化发展,严重影响提质增效。为此,当地积极推进土地经营权流转,开展"双强"行动,大力推广粮食生产先进技术,提高机械化水平,推动农艺与农机装备相融合,取得了良好成效。2018 年,樟溪乡力溪村 2 块甬优 12 水稻田亩产超 1 000 kg,创丽水市水稻最高亩产纪录。

水稻"双强"模式,是指通过农田大面积统一管理,选用水稻优良品种,采用高产优质和绿色防控等技术,通过水稻生产全程机械化大幅减少人工和农资投入,实现水稻增产、提质、增效,并采用多种粮经轮作模式,提高稻田综合效益。

◈ 二、产量效益

以单季稻为例，一般水稻亩产 600 kg，以收购单价 3.2 元 /kg 计算，亩产值 1 920 元。扣除各种生产资料、人工等费用，净利润 600 元 / 亩（未计土地租金、规模种粮补贴等）。

◈ 三、茬口安排

低海拔地区单季稻于 5 月播种，移栽秧龄约 25 d，10 月收割，可根据前后茬作物选择种植双季稻、再生稻等，并可选择稻—菜、稻—菌（耳）、稻—虾轮作等多种模式。

◆ 四、关键技术

1. 集中连片经营

要求交付流转的耕地相对集中连片，水源充足，排灌方便，水质良好，交通便利，便于机械化耕作。"非粮化"整治优化后的土地由农户流转到乡镇强村公司，由其统一流转到县乡村振兴服务集团，再由县乡村振兴服务集团分乡镇街道、分区块承包给生产经营主体。

对不符合条件的耕地进行改造，结合松古平原水系综合治理工程、农业"双强"宜机化改造、灾毁农田修复、绿色农田建设等项目，完善农田水利、交通等基础设施条件，为水稻高产优质打下良好基础。

2. 优选经营主体

松阳县乡村振兴服务集团优选各类农业生产主体进行签约。一是引进实力较强的省内农业生产经营主体，如浙江红专粮油有限公司、绍兴郡郡餐饮管理有限公司、杭州品秋农业开发有限公司等。二是鼓励本县农业生产经营者、当地村民加入，如松阳县合力家庭农场、松阳县松荫庐农业发展有限公司等。三是允许乡镇强村公司、村集体自主经营。承包主体类型多样，有长年从事水稻生产的企业，也有从事农产品流通、蔬菜生产的企业。签订合同中明确在当地部门指导下开展生产，以粮食及水稻生产为主。

3. 提升服务能力

依托"双强"项目，建设 5 个水稻育秧、机插、病虫防治、收割、烘干、加工全程服务功能的农事服务中心，力求达到县域全覆盖，科学布局，使农事服务中心的能力与区块生产规模相匹配。

4. 提升科技水平

一是选择优良品种。根据耕地条件、种植模式、产品定位等选择适宜品种：早稻有中早 39、中组 18 等；连晚有甬优 1 540、泰两优 1 332 等；单季稻高产品种有甬优系列，优质品种有华浙优 261、中浙优 8 号等；稻渔模式宜选甬优系列、嘉丰优 2 号等抗倒性强的品种。二是着力推广水稻精准播种机插、两壮两高、优质稻产加销一体化关键技术，打造农艺农机融合示范基地，开展水稻绿色高产示范创建、水稻品种展示示范等，提高水稻种植单产水平和综合效益。

5. 丰富种植模式

在种植水稻的基础上，可以发展稻菜、稻菌（耳）、稻渔等多种粮经轮作模式，提高综合效益。稻菜有水稻田种植西兰花、花椰菜、甘蓝、西瓜、鲜食大豆等；稻粮（油）模式有水稻田种植油菜、小麦、豌豆、蚕豆等；稻菌模式主要种植木耳、香菇等；稻虾模式即水稻田轮作小龙虾。

6. 拓宽销售渠道

依托"浙江好稻米"金奖、"丽水好稻米"金奖，打造优质稻米品牌，如望祀山米、善谷松州、老旭等；依托本地稻米加工企业，发展产销融合，优质稻米价格达到 6 ~ 10 元 /kg，生态大米单价 20 ~ 24 元 /kg，最高达到 40 元 /kg。随着优质稻品种的推广，各种种植、种养模式结合，虾稻米、稻鱼米等新型优质稻米将促进松阳稻米品牌的迭代升级。

松阳县种植业管理站　*徐永健*　*梁丽梅*

庆元县稻鸭共生模式

稻鸭共生是指以水田为基础、优质稻米生产为中心、家鸭自然放养为特点的自然生态和人为干预相结合的复合生态系统。

水稻正常生长季节在稻田中放养鸭子并利用鸭子啄食杂草、捕捉虫子的习性，可以减少或完全不使用农药，同时，将鸭子粪便作为有机肥减少了化肥的使用，鸭子在稻田间的活动亦能达到类似松土、耘田的效果。

稻鸭共生能有效减少肥药使用，有利于生产高品质、无公害的稻米。同时，鸭子在田间的活动类同于给水稻进行田间管理，稻田鸭也有"役用鸭"的别称，可以大量减少除草、施肥等田间管理的人力支出，稻鸭共生所产的鸭子食物来源多样、日常活动量大、鸭肉品质极高，可以较高价格售出。稻鸭共生的稻米少药减肥，品质优异，近年来多次在省、市级的"好稻米"评选中获奖。2014 年以来，稻鸭共生模式持续发展，面积逐年扩大，至 2021 年丽水全市稻鸭共生面积达 5 700 余亩。这种模式以轻简、优质、高效的特点，成为稻田生态种养模式的主要内容之一。

◆ 二、产量效益

稻鸭共生高效生态种养模式，水稻亩产量为 450 kg 左右，接近水稻一般产量，但稻鸭田的稻米具有天然的生态属性，可以获得更高的溢价。辅以喂食的条件下，鸭子每亩投放 20 ～ 25 只，回捕率可达 95%。以平均亩产稻谷 450 kg、鸭子 23 只，稻谷 5 ～ 9 元 /kg、鸭子 60 元 / 只计算，亩产值达到 3 450 ～ 5 550 元，扣除亩均成本 1 800 元（水稻生产成本 1 600 元 / 亩、鸭子 200 元 / 亩），亩纯收入最高达 3 670 元。与单纯种植水稻相比，免用除草剂，不打农药，减少施肥 30% ～ 50%，减少生产成本 150 元 / 亩，经济效益和生态效益突出。

表　产量与经济效益

种类	产量（kg/ 亩）	产值（元 / 亩）	净利润（元 / 亩）
水稻	450	2 250 ～ 4 050	650 ～ 2 350
麻鸭	20 ～ 25	1 200 ～ 1 500	1 020 ～ 1 320
合计	—	3 450 ～ 5 550	1 670 ～ 3 670

◆ 三、茬口安排

水稻育秧安排在 4 月下旬至 5 月上旬，移栽在 5 月上旬至 6 月上旬，山区育秧时间略靠前。水稻成熟收获在 9 月下旬至 10 月上旬。

表　茬口安排

种类	播种（放苗）期	收获期
水稻	4 月下旬至 5 月上旬	9 月下旬至 10 月上旬
鸭子	5 月中旬至 6 月中旬	8 月下旬至 9 月上旬

鸭苗的采购节点需契合下田时间：下田时要求雏鸭孵化后的 15 ～ 20 d 体重达到 100 g 以上。水稻移栽后 10 d 左右，选择晴朗天气的上午，将小鸭驱赶、食诱入田间。在水稻杨花结束开始灌浆时，分批将鸭子回收，以免鸭吃稻穗。在水稻收割后也可继续将鸭子放回稻田，吃掉水稻收割时损失的稻谷。

◆ 四、关键技术

放养式稻 / 鸭 + 鸭共育对生产基地的环境要求,首要必须有相对连片面积的独立空间田块,如不连接村庄、大路的山间小盆地、小河谷。否则需要在投放范围内建设 50 cm 高度以上的围栏,以防鸭子逃逸和狗等天敌侵入。要求田地相对平整、水质洁净且水资源丰富、田间沟渠通畅和田埂完好,总面积要求一般在数十亩以上。预先在农场就近搭建简易小鸭活动棚,四周围栏并有浅水池,作引鸭苗暂养。

1. 养鸭技术

(1)役用鸭的选择　选择小型个体鸭种,例如活动灵活、食量较小、露宿抗逆性强、适应性较广、生活力强、田间活动时间长、嗜食野生植物的麻鸭作役用鸭。成年鸭个体重量一般 1 ~ 1.5 kg,野外放养最终重量一般在 1 kg 左右。

(2)放鸭时间　计算好水稻插秧时间,水稻插秧前 10 d 开始购进刚孵化的雏鸭并打好禽流感预防针。水稻栽插 7 ~ 10 d 后,秧苗已扎新根并返青,此时可将暂养近 20 d 的小鸭全部驱赶下田。

(3)放养密度　一般每亩放养 20 只左右,完全放养的稻鸭生产要降低密度,最多每亩鸭子不超过 10 只,以满足食物需求。公母比例是 10 : 1。

(4)日常管理　鸭子开始活动时较为分散,越往后集群越大。平时用稻谷 + 玉米作为饵料诱使鸭子往草、虫等发生明显的田地活动,并根据区域面积使用饵料饲料进行人工分群。平时放养鸭群长期在田间野外活动,稻田里可放养一些绿萍,作为肥、饲的补充。

2. 水稻管理

（1）水稻品种选择　水稻选择大穗型、株高适中、茎粗叶挺，株型挺拔、分蘖力强、抗稻瘟病、抗稻曲病、熟期适中的优质稻品种，如中浙优8号、华浙优223等。

（2）适期移栽　稀播培育壮秧，以半旱育秧或旱育秧方式进行。山区气温较低，一般秧龄30～35 d、四叶龄左右即可插秧。

（3）适度稀植　水稻的种植方式和密度，既要有利于鸭在稻间穿行活动时少伤害稻，又要兼顾当地种植习惯。水稻栽插宜宽行窄株、密度适中。一般亩插0.8万～0.9万丛，单本插。

（4）水分管理　稻鸭共生期间既要考虑到水稻的生长需要，又要考虑到鸭子的生长，尤其是鸭子"做工"的需要。要求栽秧后一直保持有浅水层，有利于鸭脚踩泥搅浑田水，起到中耕松土，促进根、蘖生长发育的作用。搁田采用分片搁田的办法，以解决鸭在田内饮水和觅食需要。

（5）肥料管理　翻耕紫云英加亩施30 kg左右高含量高钾复合肥，无紫云英田块适度增加肥量。不施追肥，以鸭粪等作为补充肥料。

（6）病虫防治　移栽前秧苗进行一次病虫预防，一般大田不再用药。

至水稻扬花期，陆续开始以饵料诱捕部分较大鸭子（达到1 kg左右），水稻灌浆开始后10 d左右，将全部鸭子诱至农场内关押分批售卖。鸭子全部离开稻田后开始放水并自然晾干，完熟收获。

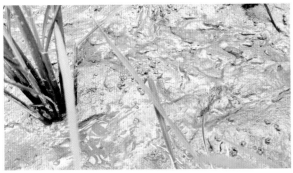

庆元县产业服务中心　张君媚　姚建

庆元县光泽家庭农场　蔡宾琪

遂昌县杂交稻制种轮作模式

◆ 一、基本情况

遂昌县拥有浙江省最大的杂交籼稻制种基地，2021 年，被认定为浙江省 4 家良种繁育基地县之一。早在 1976 年，遂昌就与中国水稻研究所和浙江勿忘农种业股份有限公司开展合作，形成了"公司 + 基地 + 农户 + 科研"的模式，建立了一支"公司 + 乡镇 + 村"三级架构的制种辅导员队伍，相继培育推广了"中浙优""华浙优"等杂交稻系列优质品种。目前，有制种户 996 户，其中，30 亩以上的大户约占 65%，年制种面积 1.2 万亩，年产杂交稻种子 150 万 kg，产值近 4 000 万元，是农民增收致富的主要产业之一。

近年来，为充分利用当地温光资源，利用杂交稻制种前茬空闲季节种植山地蔬菜等旱生作物，积极探索制种区稻田栽培种植新模式，开展"四季豆—杂交水稻制种水旱轮作高效栽培模式"试验示范。利用两种作物不同的生长环境，通过水旱轮作较好地改良了土壤的理化性状，既有效缓解了四季豆生产连作障碍危害，又提高了杂交稻制种综合经济效益，增加了农民的经济收入，集成创新了遂昌杂交稻制种高效轮作模式。

◆ 二、产量效益

表 茬口安排

作物种类	产量（kg/亩）	产值（元/亩）	净利润（元/亩）
杂交稻制种	130	3 250	1 500
四季豆	1 000～1 300	6 000～7 800	3 000～4 800
合计	—	9 250～11 050	4 500～6 300

杂交水稻制种平均亩产 130 kg，杂交水稻种子按 25 元/kg 计算，平均亩产值 3 250 元，四季豆亩产 1 000～1 300 kg，按 6 元/kg 计算，四季豆亩产值 6 000～7 800 元，"四季豆—杂交水稻制种模式"亩产值可达 9 250～11 050 元，扣除人工等亩投入成本 4 500 元，亩纯收入 4 500～6 300 元，经济效益明显。

◆ 三、茬口安排

种类	播种期	收获期
四季豆	3月上中旬直播	6月中旬
杂交稻	6月上旬播种	10月上中旬
合计	6月下旬至7月初定植大田	

"四季豆—杂交水稻制种水旱轮作高效栽培模式"主要选择生育期适中的四季豆品种和生育期相对较短的杂交稻品种组合，保障四季豆采摘结束后，不影响后茬杂交稻制种生产。四季豆品种选用"丽芸 3 号"，3 月上中旬直播大田，6 月中旬收获拉秧；杂交稻选用浙粳优 1 578 籼粳杂交组合，6 月上旬播种，6 月下旬至 7 月初定植大田，10 月上中旬收获。

◆ 四、关键技术

1. 四季豆栽培关键技术

（1）适时播种　提早翻深翻土地，畦连沟宽 1.8 m，每亩沟施过磷酸钙 40 kg、腐熟有机肥 1 500 kg 作基肥。每畦播 2 行，每穴播 2 ～ 3 粒种子，穴距 40 cm，播后上盖 0.5 ～ 1 cm 厚的细土或焦泥灰。

（2）田间管理　中耕、搭架。四季豆出苗 7 ～ 10 d 后要及时查、补苗，确保每穴留足 2 株健壮苗，在四季豆"甩蔓"前，选用长 2.5 m 的小竹竿或相应架材及时搭建倒"人"字架，绑紧。

肥水管理。一般在苗期、抽蔓期每亩用 15 kg 复合肥或 15% 腐熟人粪尿 1 000 kg 各追肥 1 次，开花结荚期重施肥水 2 ～ 3 次，每次可用复合肥 20 kg / 亩。观察苗长势，可选用 0.2% 过磷酸钙进行根外追肥 1 ～ 2 次，以提高结荚率。

病虫害防治。为害四季豆的病虫害主要有豆野螟、蚜虫、炭疽病以及锈病。豆野螟可选用 20% 氯虫苯甲酰胺悬浮剂 10ml/667 m^2，在四季豆现蕾时即可喷药防治；蚜虫可选用 10% 的吡虫啉可湿性粉剂 2 000 倍液喷雾防治；炭疽病可选用 80% 炭疽福美可湿性粉剂 1 000 倍液喷雾防治；锈病可选用 8% 氟硅唑微乳剂 1 000 倍液喷雾防治。

（3）适时采收　四季豆食用嫩荚为主，一般在花谢后 10 ～ 12 d 即可采摘，高峰期每天采 1 次。采后做到分级包装上市。

2. 杂交水稻制种关键技术

（1）合理密植 父母本采用 2∶8 的比例移栽。两期父本比 1∶2，父本间行距 33 cm×25 cm；插母本的格内净空 2 m，内插母本 8 丛，父母本间距 24 cm，母本间行距 19 cm×19 cm。

（2）科学施肥 父本移栽后 3～5 d 对父母本同时施肥，亩用尿素 25 kg、钾肥 10 kg，并需保持 3 cm 左右水层 3 d。

母本幼穗分化 6～7 期时亩施尿素 5～7 kg 加钾肥 5 kg。

（3）花期管理 母本在破口抽穗 1% 时一般留主茎顶叶 10 cm，其余部分剪去，父本不宜剪叶。母本抽穗 10% 时开始每亩用量 10 g "九二〇"，连续喷 3 次。父本初花即可开始赶花授粉，时间为每日上午 10—11 时，每日赶花 2～3 次，连续 10～12 d。

（4）去杂保纯 从秧田开始直到收割及时去杂，特别是秧苗期和始穗期是去杂的关键时期，应逐一检查，彻底去杂，抽穗扬花期复查去除遗漏杂株，确保田间杂株率控制在 0.1% 以内。

（5）病虫防治 主要防治"三虫五病"，即卷叶螟、螟虫、稻虱、纹枯病、小球菌核病、稻瘟病、白叶枯病、稻粒黑粉病，特别要重视对稻粒黑粉病、纹枯病、小球菌核病的防治。

（6）适时收获，严防机械混杂 当 80%～90% 的种子成熟时，及时收割翻晒，父母本单收、单晒、单放，严防机械混杂，确保种子质量安全。

遂昌县农作物技术推广中心 王 杰

◈ 一、基本情况

鲜食玉米是指具有特殊风味和品质的幼嫩玉米，主要有甜玉米、糯玉米、甜糯玉米和水果玉米，其中，以甜玉米为主要代表。

甜玉米属禾本科玉米属中的甜质型亚种，因其乳熟期籽粒中含糖量较高、食之味甜而得名。甜玉米的营养价值丰富，籽粒中葡萄糖、蔗糖、果糖含量是普通玉米的 2～8 倍；蛋白质、粗脂肪含量高于普通玉米，其中，赖氨酸、色氨酸含量比普通玉米高 2 倍以上，且其所含的脂肪中 50% 以上是亚油酸；钙、磷含量也大大超过普通玉米，维生素 B 族、维生素 C、维生素 V、胡萝卜素和烟酸含量是稻米、小麦的 5～10 倍；此外，甜玉米富含膳食纤维和核黄素等高营养物质，其营养价值和保健作用是所有主食中最高的。甜玉米适口性好，集中了水果、蔬菜、全颗粒谷物的诸多优点，因其具有香、甜、糯、脆、嫩等特点广受消费者欢迎，市场需求持续扩大，是兼具休闲与保健功能的现代食品。

丽水市地处浙西南，气候温暖湿润，雨量充沛，四季分明，适宜种植多季鲜食玉米。鲜食玉米经济效益高，与水稻轮作既能改善种植业结构与土壤理化性状，促进有益微生物活动，还能减少病虫害和草害，提高地力和施肥效果。全市玉米播种面积从 2010 年的 10.39 万亩持续增加到 2021 年的 14.7 万亩，是唯一多年保持面积增长的粮食作物。

◆ 二、产量效益

鲜食玉米高产田亩产可达 1 000 kg 以上，一般亩产鲜穗果产量在 800 ~ 1 000 kg / 亩。市场收购价格一般在 4 元 / kg 左右，极端价格在 2 ~ 6 元 / kg，亩产值受市场行情的影响大。

生产成本不计田租，主要包括育苗成本（含种子）约 500 元 / 亩，肥料成本 500 元 / 亩左右，农药 80 元 / 亩左右，物质成本投入共需约 1 000 元 / 亩，以中位值收购价 3.5 元 /kg 计，每亩收益 2 500 元左右。

表　产量效益

种类	产量（kg / 亩）	产值（元 / 亩）	净利润（元 / 亩）
甜玉米（鲜食）	800 ~ 1 000	3 200 ~ 4 000	2 200 ~ 3 000

◆ 三、茬口安排

鲜食玉米普通露地栽培生育期在 85 d 左右，低海拔地区主要是春玉米栽培搭配单季稻进行水旱轮作和秋玉米栽培搭配"春季蔬菜"的粮经轮作，中高海拔地区适合在 6—8 月实施夏玉米生产，利用平原生产的空窗期提供新鲜优质的绿色产品。

表　茬口安排

作物	播种期	移栽期	收获期
春玉米	1 月下旬至 2 月上旬	2 月下旬至 3 月上旬	5 月下旬至 6 月上旬
夏玉米	4 月下旬至 5 月下旬	5 月中旬至 6 月上中旬	7 至 8 月
秋玉米	8 月上中旬	8 月下旬至 9 月上旬	10 月下旬至 11 月上旬

为发挥丽水早春气温回温快的特点，春玉米等鲜食旱粮实行促早栽培，在 1 月底至 2 月初利用双膜或大棚进行保温集中育苗，大田移栽采用覆膜栽培，可提早上市时间半个月以上，获得较高的收购价格，大幅度提升经济效益。

同时，玉米作为高秆作物，也是很好的套种作物品种，可以与大豆、草本药材等进行套种，进行高低搭配和季节生产的调配。

◇ 四、关键技术

玉米从播种至新的种子成熟，经过种子萌动发芽、出苗、拔节、孕穗、抽雄开花、抽丝、受精、灌浆，直到新的种子成熟，完成了整个生长发育过程。

出苗至拔节为苗期，玉米处于以长根、分化茎叶为主的营养生长阶段，苗期长短受品种与播期的影响，春玉米约 35 d，夏玉米早、中熟品种 20 ～ 25 d；拔节至抽穗为穗期，是营养生长与生殖生长并进时期，是决定穗数、穗的大小、可孕花、结实的粒数多少的关键时期；抽穗至成熟为花粒期，是生殖生长为主的时期，是籽粒产量形成的重要阶段，进一步决定粒数和粒重时期。

1. 育苗

鲜食玉米种子淀粉含量较少，种子皱瘪、顶土力弱，发芽、出苗较其他玉米种子困难，移栽时新根发生能力较弱。因此，采用集中塑盘育秧是提高育苗成功率和秧苗素质的增产技术措施之一，也可极大减少用种的浪费。播前精选种子，去除蛀粒、病粒、瘪粒等。根据不同栽培要求，最早可在 1 月底至 2 月初以双膜覆盖育苗，一般生产可在 2 月底至 3 月初进行；育苗塑盘以 72 ～ 128 孔根据移栽秧龄大小、品种、植株大小合理选择；苗床选择管理方便、水浆管理便捷的冬闲田上，按两倍塑盘宽度作畦开沟并铺以无纺布等吸水透气隔离材料。将育秧盘整齐紧密摆放，盘孔内填装 3/4 的营养土和育苗基质，按每孔放一粒种后覆盖育苗基质，以细喷壶喷水至透。特早栽培需在大棚内按畦搭建

小拱棚，根据外界气温情况及时在两头接膜通风，移栽前几天要加大通风频率做好炼苗。平日注意盘面不干不浇水，浇水则必须浇透。

2. 大田移栽

鲜食玉米适宜移栽叶龄为 4～5 叶，秧龄过大影响产量和移栽苗成活率。大田要求土地平整、排灌方便，按 1～1.1 m 宽作畦开沟。移栽时严格注意按小苗定向双行移栽，行距 85～95 cm，株距 25 cm 左右，每亩栽种 2 700～2 900 株，适当提高种植密度。因鲜食玉米花粉有直感现象，防止因串粉而影响脆、甜、黏、糯等品质，大田种植应注意隔离，要求 200 m 以内区域不能同期种植其他品种玉米。鲜食玉米种植最适土壤 pH 为 6.5～7，生产中常见土壤 pH 值 4～5，整地前可以用生石灰调酸，或增加土杂肥、有机肥进行调整。

3. 大田管理

（1）肥水管理　玉米施肥原则是"重施基肥，适施追肥"，提倡有机肥和化肥配合施用，做到控氮、适磷、增钾、补锌。施基肥应选择移栽前 3～5 d 的晴天，亩施用有机肥 500～800 kg、过磷酸钙 15 kg、碳酸氢铵 25 kg、硫酸钾 15 kg 和硫酸锌 2 kg。在施足基肥的条件下，施追肥可在拔节期、大喇叭口期分 2 次进行。第一次拔节期，7～8 张叶片展开之时，亩施中等浓度复合肥 10～15 kg，穴施在离玉米植株根部 10 cm 左右，及时覆土灌水。第二次大喇叭口期到抽雄前 8 d 左右，11～12 张叶片展开之时，点穴追施复合肥 10～15 kg 攻苞，施后及时覆土灌水。根据叶色进行肥水调控，追肥可采用磷酸二氢钾或尿素进行叶面追肥，同时补充锌、硼等中微量元素。

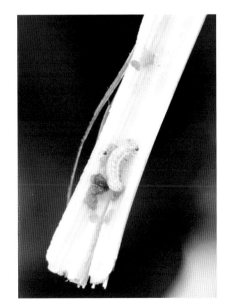

（2）病虫防治　鲜食玉米常发生蚜虫、玉米螟、纹枯病、大小叶斑病等病虫害。近年来，草地贪夜蛾为害日益严重，且不同于玉米螟以后期为害为主，草地贪夜蛾从小苗开始就能造成严重为害，生产中应注意观察，及早防治。可用甲氰菊酯、甲维虫螨脲、代森锰锌等低毒高效农药进行叶面喷雾防治。采收前 25 d 后不得施用农药。

（3）中耕清沟　栽后 7～10 d 进行第 1 次中耕，此后每隔 20 d 左右中耕 1 次。开好"田字沟"，做到沟沟相连，沟渠相通，雨停水干。玉米虽是旱作，但在拔节与抽穗期间对水分较为敏感，田土干透情况下要及时灌沟水浸润。

（4）人工授粉　为减小鲜穗秃顶度，增加鲜穗粒数，提高鲜穗的商品质量，可在雌穗吐丝 3 d 内的上午 8—9 时，轻晃植株进行人工辅助授粉 1～2 d。

（5）去蘖去穗　玉米有分蘖和多穗特征，生产上要及时掰除，以免浪费养分，影响通风透光，加剧病虫害和倒伏现象，造成"空秆"或"小瘪穗"。去蘖应在玉米拔节前进行，原则是只留主茎，掰去其余分蘖。去穗应在果穗吐丝前进行，每株只保留最上部生长最好的 1 个穗，其余果穗全部掰除。

4. 适时采摘

鲜食玉米采摘要求果穗味甜鲜嫩。当穗棒苞叶开始变黄、鲜穗花丝略干、果穗手握有柔软感、手掐果穗中部的籽粒能附着白色浓乳浆时，即可带苞叶采摘。

5. 秸秆还田

采用机械直接耕翻还田，再灌水 2～3 次、间隔期 2～3 d，保持田间水层 2～3 cm，从而加速玉米秸秆腐烂，增加土壤有机质，为后茬打下肥力基础。有条件的地方也可集中收集作为牛羊青饲料或打包作青贮处理。

丽水市农作物站　*刘波*
莲都区农业技术推广中心　*周攀*

后 记 ‖

　　《丽水"粮食＋增收"最佳实践模式》是一本既讲粮食增收工作方法、政策措施，又讲技术要点、操作规程的综合性汇编资料、工具用书。增收模式以保障粮食产量与安全为第一要务，确保在粮食不减产的基础上探索增收路径，有效解决"米袋子"和"钱袋子"问题。

　　在编撰过程中，得到丽水市发展和改革委员会、国家统计局丽水调查队、丽水市各县（市、区）农业农村局（乡村振兴局）、丽水日报社的大力支持和帮助，在此致以衷心的感谢！

　　因水平有限、时间仓促，书中错误与疏漏在所难免，但求抛砖引玉，敬请读者朋友多提宝贵意见。

2022 年 8 月